职业院校机电类专业中高职衔接系列教材（中职）

U0652848

电气控制技术

主　编　杨亚芳　罗　贤　刘　黎

副主编　陈　娟　盛　琴　程　瀚

　　　　吴　锐　刘　倩

参　编　许一帆　吴　迪

西安电子科技大学出版社

内 容 简 介

 本书以学生的职业能力培养、职业素质养成为出发点，以工作过程为导向，兼顾学生职业发展知识结构的建构。

 本书主要内容包括典型低压电器的拆装与调试，电动机单向启停、正反转、顺序启停、减压启动控制电路的安装与调试，电动机的调速，典型机床电气控制电路的安装与调试，KNX 智能控制系统安装与编程调试等。

 本书可作为职业技术院校机电、电气自动化专业的教学用书，也可作为中级电工的培训教材。

图书在版编目(CIP)数据

电气控制技术/杨亚芳，罗贤，刘黎主编. —西安：西安电子科技大学出版社，2023.3
ISBN 978 - 7 - 5606 - 6777 - 5

Ⅰ. ①电… Ⅱ. ①杨… ②罗… ③刘… Ⅲ. ①电气控制—高等职业教育—教材 Ⅳ. ①TM921.5

中国国家版本馆 CIP 数据核字(2023)第 020960 号

策　　划　秦志峰　杨丕勇
责任编辑　秦志峰
出版发行　西安电子科技大学出版社(西安市太白南路 2 号)
电　　话　(029)88202421　88201467　　　邮　　编　710071
网　　址　www.xduph.com　　　　　电子邮箱　xdupfxb001@163.com
经　　销　新华书店
印刷单位　陕西日报社
版　　次　2023 年 3 月第 1 版　2023 年 3 月第 1 次印刷
开　　本　787 毫米×1092 毫米　1/16　印张　12
字　　数　278 千字
印　　数　1～2000 册
定　　价　33.00 元
ISBN 978 - 7 - 5606 - 6777 - 5 / TM
XDUP 7079001 - 1
* * * 如有印装问题可调换 * * *

职业院校机电类专业中高职衔接系列教材 （中职）

编审专家委员会名单

前　　言

　　本书依据职业院校教学特点，秉持以学生为本的教育理念，以学生的职业能力培养、职业素质养成为出发点，兼顾学生职业发展知识结构的建构，从而形成了任务引领、项目驱动、内容弹性的新形态教材。

　　本书以工作过程为导向，以"三图四表"为主线，以任务实施为路径，开展项目化教学，注重理论知识和实践能力的有机结合，培养学生良好的职业操守，敬业求实的工作作风，分析问题、解决问题的能力，以此达成行业企业对机电类专业从业人员知识、能力、素养等方面的要求。本书具有以下特色：

　　（1）立德树人重思政。本书围绕立德树人根本任务，依据专业特点、课程特点，提炼课程思政元素，将思政教育贯穿于整个学习过程。课程思政实施建议如表1所示。

表 1　课程思政实施建议

项　　目	思 政 元 素	课程实施建议
项目一　典型低压电器的拆装与调试	弘扬劳动光荣、技能宝贵、创造伟大的时代风尚，培养"一丝不苟，精益求精"的工匠精神，提升民族自豪感、专业认同感	播放《我爱发明》《大国重器》等节选视频，激发求知欲；介绍中国古代器械的应用和发展，激发民族自豪感；通过中华人民共和国成立后的工业发展史树立制度自信、文化自信；通过任务实施培养工匠精神
项目二　电动机单向启停控制电路的安装与调试	安全第一、自信协作的意识	以小组讨论的形式，让学生掌握实现电动机长动控制的方法、交流接触器的自锁功能；通过任务实施培养学生安全第一、自信协作的意识
项目三　电动机正反转控制电路的安装与调试	安全、规范的工作态度	以电路装调中保护措施的采用，引导学生养成安全意识，遵守安全规程，规范操作，兼顾安全性与可靠性
项目四　电动机顺序启停控制电路的安装与调试	实践出真知的职业精神	通过电动机顺序启停控制功能的实现，培养学生通过探索、实践得出结论的职业精神
项目五　三相异步电动机减压启动控制电路的安装与调试	珍惜时间、珍爱生命，学会减压、调节心情，培养发散思维、创新意识	通过对时间继电器的学习，劝勉学生珍惜时间、珍爱生命；通过多种控制方式的对比，培养学生的发散思维、创新意识

项　目	思政元素	课程实施建议
项目六　电动机的调速	遵守职业规范，塑造敬业品质	采用企业化管理模式，严格遵守材料、工具领还制度；引入行业企业标准，规范学生实训操作，强调 6S（整理、整顿、清扫、清洁、素养、安全）管理意识，塑造敬业品质
项目七　典型机床电气控制电路的安装与调试	爱国情怀，积极的人生态度，团队合作精神	通过对我国机床相关技术的发展历程、科技人才事迹的案例学习，感受中国特色社会主义的优越性，培育学生的爱国情怀，振兴中华的责任感、使命感，培养学生积极的人生态度和团队合作精神
项目八　KNX 智能控制系统安装与编程调试	爱岗敬业，为实现"智能制造"努力拼搏	通过对先进自动控制技术的介绍、控制功能的实现，筑牢爱国情怀，增强爱岗敬业的责任意识，提升社会主义核心价值观的认同感

（2）内容弹性可增减。本书聚焦综合职业能力培养，采用项目驱动、任务实施的形式编写，全书共有 8 个项目、28 个任务，可结合课程标准、学校情况选择项目任务。

（3）通俗易懂强发展。本书教学内容理论难度小，文字描述简练易懂；同时引入新知识、新技术，对传统控制技术进行有效补充，满足学生多层次、个性化的成长需求。

本书项目一由吴锐负责编写，项目二、三由刘黎负责编写，项目四（任务一～三）由杨亚芳负责编写，项目四（任务四）、项目五由程瀚负责编写，项目六由罗贤负责编写，项目七由陈娟负责编写，项目八由盛琴负责编写，课程思政元素的提炼与实施建议由刘倩负责。全书由杨亚芳负责统稿，程瀚负责审核，刘倩、许一帆、吴迪参与校对和整理工作。本书在编写的过程中，参考了大量的书籍和相关的文献资料，在此向其作者致以诚挚的谢意。

由于编者水平有限，书中不妥之处在所难免，恳请广大读者批评指正。

编　者

2022 年 12 月

目　　录

项目一

典型低压电器的拆装与调试

【项目概述】

电气控制中需要用到多种类型的低压电器，如断路器、接触器、热继电器等，这些元件可对负载的电能进行分配与控制。本项目主要阐述常用低压电器的类型，并通过对几个典型低压电器的拆装与调试来理解相应元件的工作过程。

任务一　常用低压电器的认知

❖ 任务目标

（1）认识断路器、熔断器、接触器，能说出它们的用途及原理。

（2）能识读常用低压电器的电气符号。

❖ 任务分析

低压电器元件能根据要求手动或自动地接通或断开电路，以实现对设备的切换、控制、保护、检测、变换和调节。认识低压电器元件，需要了解元件的具体作用、使用方法、动作过程和电气符号等内容，以便为后续项目的学习打下基础。

❖ 知识链接

低压电器通常是指工作在交流 50 Hz(60 Hz)、交流额定电压小于 1200 V 和直流额定电压小于 1500 V 的电路中，起通断、保护、控制或调节作用的电气设备。低压电器按用途可分为低压配电电器和低压控制电器，低压配电电器在主回路上参与电能的供给与分配；低压控制电器则在控制回路上对主回路进行控制或参数采集。低压电器按动作方式可划分为手动电器、自动电器等。常用低压电器的种类较多，本书涉及的有低压断路器、熔断器、接触器、热继电器、控制按钮等，如图 1-1-1 所示。

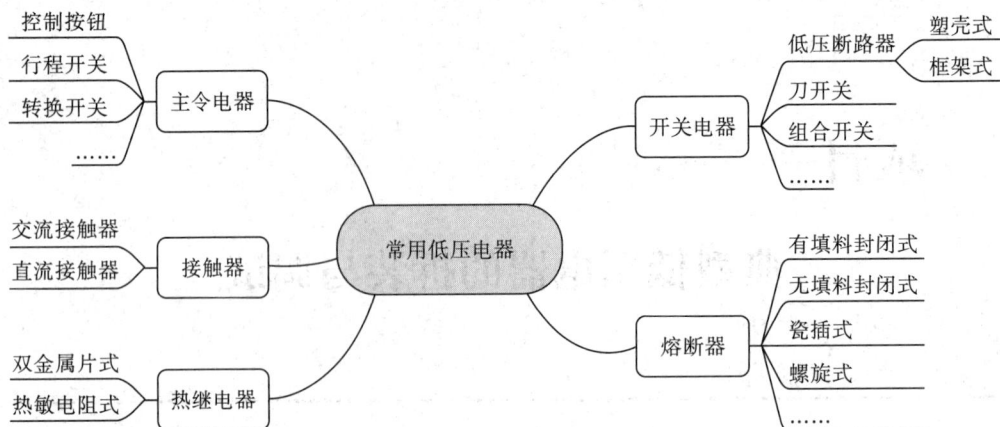

图 1-1-1　常用低压电器种类

❖ **任务实施**

1. 低压断路器

低压断路器也称为自动空气开关,可用来接通和分断负载电路,也可用来控制不频繁启动的电动机。低压断路器具有多种保护功能,可在电路中发生过载、短路、电压过低(欠电压)等故障时自动切断电路。

1)低压断路器的类型

如图 1-1-1 所示,低压断路器属于开关电器,有框架式和塑壳式两种。其中,框架式低压断路器一般用作总开关,用于电源回路,广泛应用于工矿企业变配电站等;塑壳式低压断路器多用于设备回路,容量较小,可用于不频繁启动和分断电动机以及照明电路。

2)塑壳式低压断路器的型号及含义

塑壳式低压断路器有多种型号,如图 1-1-2 所示是几种不同型号的塑壳式低压断路器的外形。

（a）DZ158　　　　　　　（b）DZ15　　　　　　　（c）DZ108

图 1-1-2　几种不同型号塑壳式低压断路器的外形

常见的塑壳式低压断路器型号有 DZ10、DZ15、DZ20、DZ47 等，其中，DZ47 型断路器在生产生活中使用广泛。这里以 DZ47 为例作介绍，其型号及含义如下：

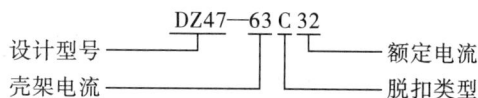

$$DZ47{-}63\ C\ 32$$

设计型号 ————
壳架电流 ————
———— 额定电流
———— 脱扣类型

设计型号 DZ47 是通用型号，各厂家均可使用；壳架电流指在基本尺寸相同的外壳中能安装的最大脱扣器额定电流；脱扣类型有 A、B、C、D 4 种，A 型一般用于保护半导体设备，B 型用于保护住户配电、家用电器及人身安全，C 型用于保护较高电流的照明电路，D 型用于保护动力配电；额定电流指断路器能持续正常工作而不脱扣的最大电流。

3）低压断路器的符号

低压断路器的符号如图 1-1-3 所示。

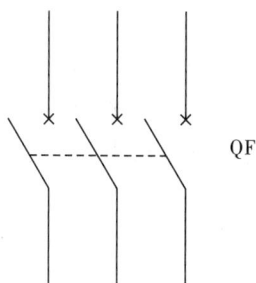

图 1-1-3 低压断路器的符号

4）低压断路器的结构和工作原理

这里以单极(1P)DZ47 型低压断路器为例进行介绍。该断路器的内部结构如图 1-1-4 所示，它是由操作机构、触点、保护装置（各种脱扣器）、灭弧装置等组成的。

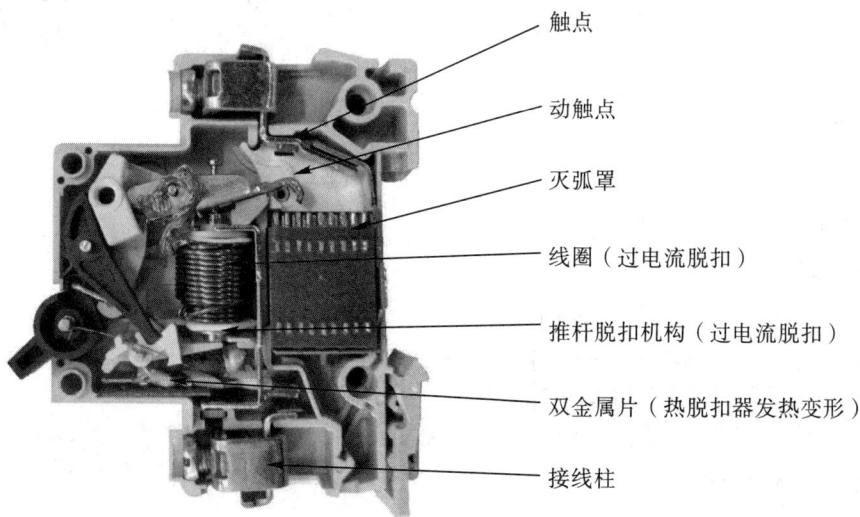

触点
动触点
灭弧罩
线圈（过电流脱扣）
推杆脱扣机构（过电流脱扣）
双金属片（热脱扣器发热变形）
接线柱

图 1-1-4 DZ47 型低压断路器的内部结构

　　DZ47型低压断路器可以通过多个联装组成双极（2P或1P＋N）、三极（3P）、四极（4P或3P＋N）低压断路器，以适应单相、三相三线制、三相四线制等类型电源；也可与漏电保护器联装实现漏电保护功能。

　　低压断路器外部接线如图1－1－5所示，在安装时须依照《电气装置安装工程低压电器施工及验收规范（GB 50254—2014）》要求进行，注意元器件安装方向不可随意改变，应遵循上进下出的原则安装导线。

螺丝刀顺时针拧紧　　　　　　　　　　　　　　　　导线插入此处

图1－1－5　低压断路器外部接线

2. 熔断器

　　熔断器在线路中用作短路保护。在使用时，熔断器应串接在所保护的电路中。正常情况下，熔断器的熔体相当于一段导线；当线路或设备发生短路时，熔体能迅速熔断以分断电路，起到保护作用；有时，熔体还可以起到使电路与电源隔离的作用。

　　1）熔断器的类型

　　熔断器可分为瓷插式、螺旋式、有填料封闭式、无填料封闭式，不同型号熔断器的外形如图1－1－6所示。

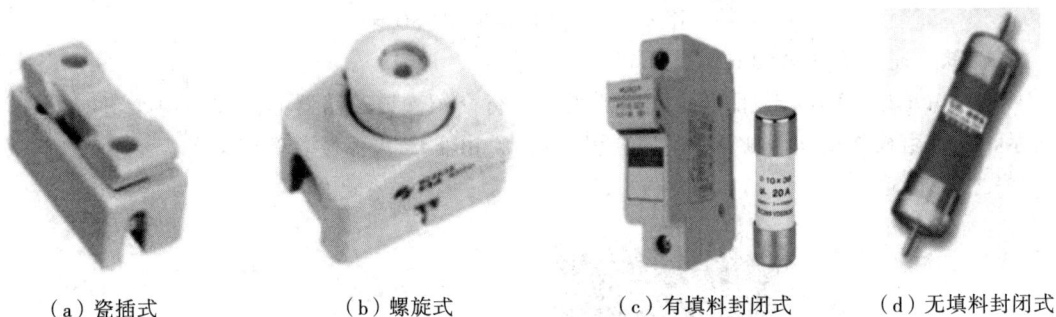

（a）瓷插式　　　　　（b）螺旋式　　　　　（c）有填料封闭式　　　　（d）无填料封闭式

图1－1－6　不同型号熔断器的外形

　　2）熔断器的型号及含义

　　熔断器的型号及含义如下：

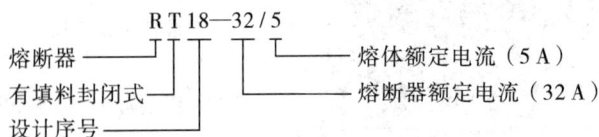

R T 18—32 / 5

熔断器　　　　　　　　　　熔体额定电流（5 A）
有填料封闭式　　　　　　　熔断器额定电流（32 A）
设计序号

　　3）熔断器的符号

　　熔断器的符号如图1－1－7所示。

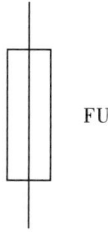

图 1-1-7 熔断器的符号

4）熔断器的结构、工作原理及安装接线

熔断器主要由熔体、安装熔体的熔管和熔座三部分组成。熔座上、下端各有一接线端子，依循上进下出原则，进线接上方端子，出线接下方端子。在安装前应先使用万用表欧姆挡检测熔管两端的电阻，阻值很小，说明熔体正常；再将熔管插入熔座，合上盖子即完成了熔体的安装，如图 1-1-8 所示。

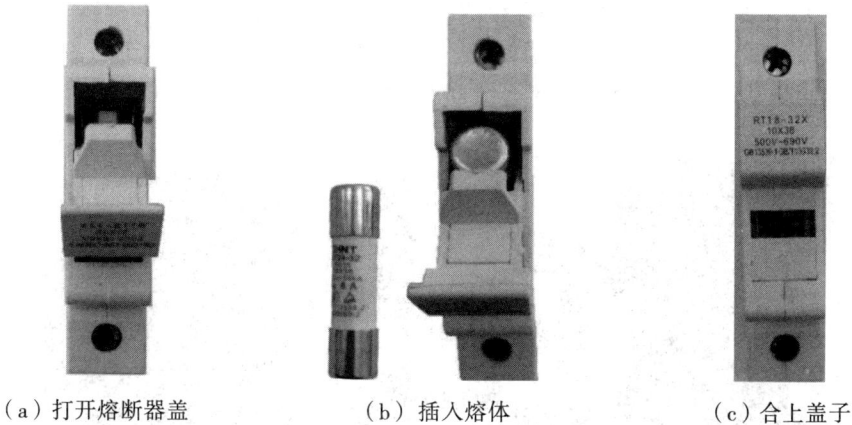

（a）打开熔断器盖　　　　　（b）插入熔体　　　　　（c）合上盖子

图 1-1-8 熔体的安装

3. 接触器

接触器是一种用来频繁接通和断开主电路及大容量控制电路的自动切换电器，可实现远距离控制，经常用于电动机的控制。接触器不仅能接通和切断电路，还具有低电压释放保护作用。其控制容量大，适用于频繁操作和远距离控制，是自动控制系统中的重要元件之一。

1）接触器的类型

接触器按主触头通过的电流类型，可分为交流接触器和直流接触器。

2）接触器的型号及含义

接触器的型号及含义如下：

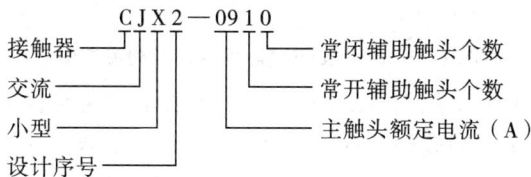

3）接触器的符号

接触器的符号如图 1-1-9 所示。

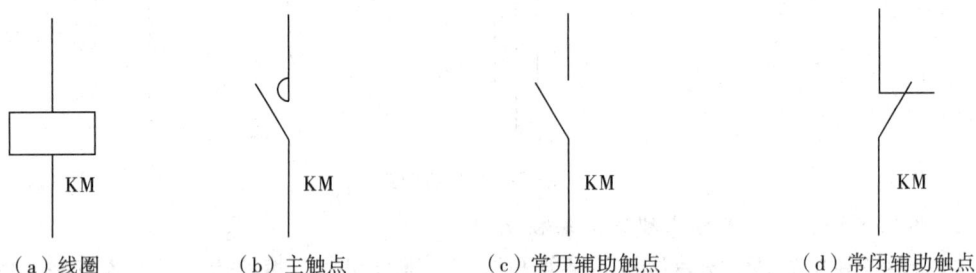

（a）线圈 　　　　（b）主触点 　　　　（c）常开辅助触点 　　　　（d）常闭辅助触点

图 1-1-9　接触器符号

4）接触器的结构及接线

交流接触器主要由电磁机构（含静铁芯、线圈和弹簧）、触头系统（含弹簧、衔铁、动触点和静触点）、灭弧装置和辅助部件等组成，其内部结构解构图如图 1-1-10 所示，它是利用电磁式工作原理来实现电路的通断的。当电磁线圈通电或者断电时，静铁芯吸合或释放衔铁，从而带动动触点与静触点闭合或断开，实现电路接通或断开。

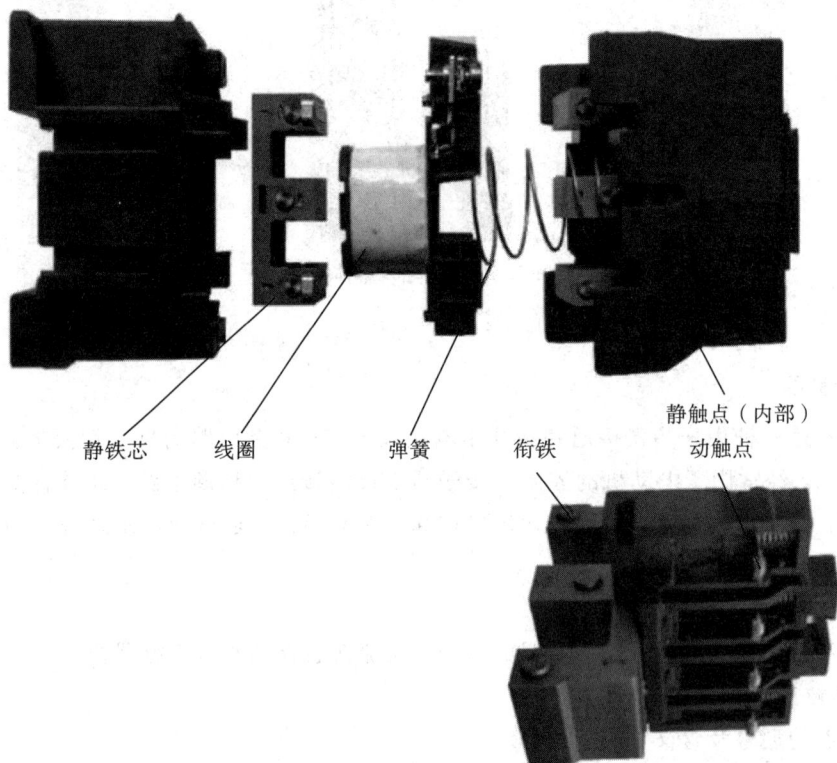

静铁芯　　线圈　　　　弹簧　　　衔铁　　静触点（内部）
　　　　　　　　　　　　　　　　　　　　动触点

图 1-1-10　交流接触器内部结构解构图

交流接触器的外形及各接线端子如图 1-1-11 所示。在安装接线时，须依照《电气装置安装工程低压电器施工及验收规范（GB 50254—2014）》要求，进行规范安装。

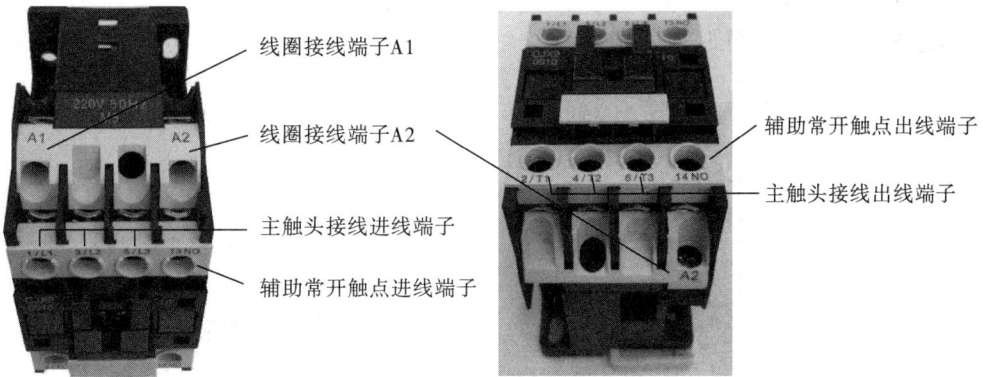

图 1 - 1 - 11 交流接触器的外形及各接线端子

4. 热继电器

热继电器也称过载保护器，是专门用来对连续运行的电动机实现过载及断相保护，以防电动机因过热而烧毁的一种保护电器。热继电器是利用电流的热效应原理来切断电路的一种自动电器，当电动机过载时，主电路中的电流超过允许值而使热继电器的热元件受热弯曲，通过导板推动杠杆机构使常闭触点断开，切断控制电路，从而断开电动机主电路，起到保护负载的作用。热继电器的外观如图 1 - 1 - 12 所示。

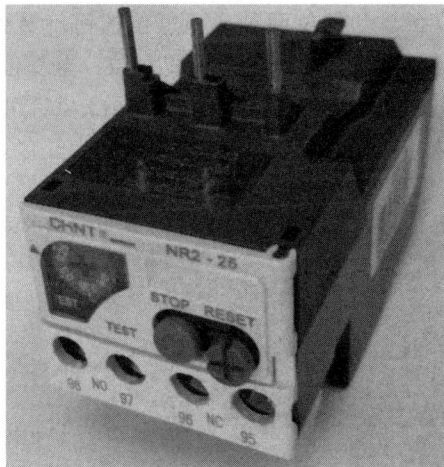

图 1 - 1 - 12 热继电器的外观

1）热继电器的类型

常见的热继电器有双金属片式和热电阻式，本书以双金属片式为例进行说明。

2）热继电器的型号及含义

热继电器的型号及含义如下：

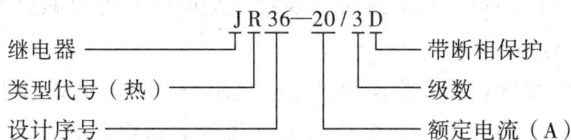

JR 36—20 / 3 D

继电器 ————
类型代号（热）————
设计序号 ————
带断相保护
级数
额定电流（A）

3）热继电器的符号

热继电器的符号如图1-1-13所示。

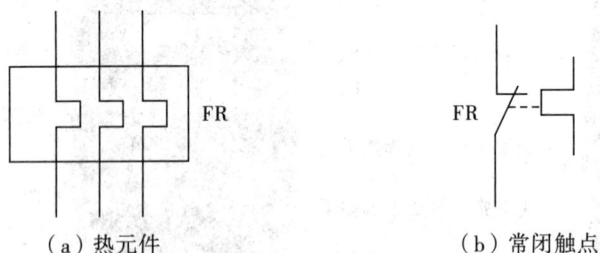

（a）热元件　FR　　　　FR　（b）常闭触点

图1-1-13　热继电器的符号

4）热继电器的使用

当热继电器正常使用时，将1、3、5端接输入端，2、4、6端接输出端，同时将需要保护的负载接触器线圈与热继电器常闭触点串联。当发生过载时，流过热继电器热元件的电流增大，一段时间后热继电器动作，常闭触点断开，控制负载的接触器线圈失电，负载停止工作。

在使用热继电器时，需要根据负载大小整定热继电器的动作电流，通过旋转如图1-1-14中带刻度的调节旋钮，可调整动作电流。面板中间有圆圈的红色按钮（上方标有STOP）为手动停止按钮，其右侧可旋转的蓝色按钮（上方标有RESRET）为复位按钮。热继电器动作之后的复位方式有手动复位和自动复位两种。当复位按钮旋转到"H"位置时为手动复位，即发生过载后需要手动按下此按钮，热继电器才能复位；当复位按钮旋转到"A"位置时为自动复位，即由于过载造成热继电器动作，等热继电器冷却后可以自动复位。在调节旋钮下设有测试按钮（TEST），按下测试按钮后，指示窗口变为红色，复位后恢复黑色。

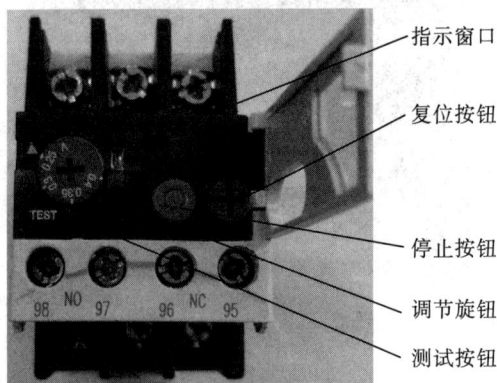

图1-1-14　热继电器的按钮和旋钮

5. 时间继电器

时间继电器是接收控制信号后，延时一段规定的时间，再使触点动作的继电器。

1）时间继电器的类型

时间继电器按动作原理，可分为电磁式、空气阻尼式、电动式和电子式；按延时方式，可分为通电延时型和断电延时型。通电延时型是指线圈通电后延时动作，断电延时型则是指线圈断电后延时动作。根据延时类型和触点类型，时间继电器的动作有以下几种情况：

（1）通电延时闭合（常开触点）——当线圈通电时，触点延时闭合，断电时瞬间断开；

（2）通电延时断开（常闭触点）——当线圈通电时，触点延时断开，断电时瞬间闭合；

（3）断电延时断开（常开触点）——当线圈通电时，触点瞬时闭合，断电时延时断开；

（4）断电延时闭合（常闭触点）——当线圈通电时，触点瞬时断开，断电时延时闭合。

2）时间继电器的型号及含义

ST3P A—B 型时间继电器的实物如图 1-1-15 所示。

图 1-1-15　ST3P A—B 型时间继电器实物

时间继电器的型号及含义如下：

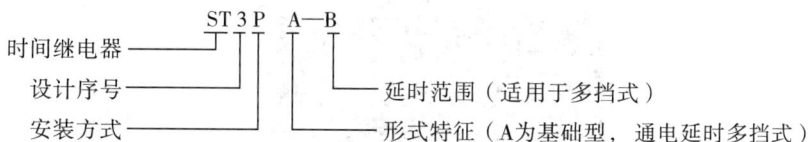

3）时间继电器的符号

时间继电器的文字符号为 KT，图形符号如图 1-1-16 所示。

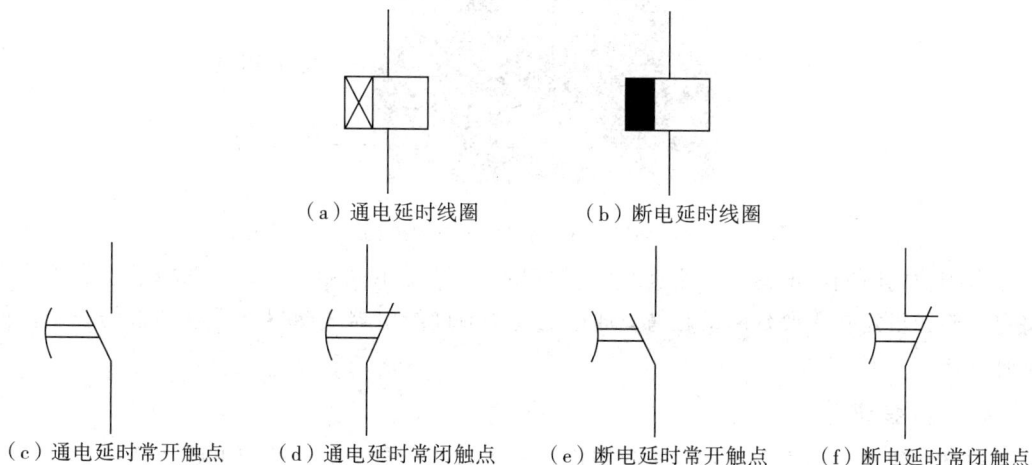

（a）通电延时线圈　　　　（b）断电延时线圈

（c）通电延时常开触点　　（d）通电延时常闭触点　　（e）断电延时常开触点　　（f）断电延时常闭触点

图 1-1-16　时间继电器的图形符号

4）时间继电器的使用

不同类型时间继电器的接线和整定方法各有不同，下面以常见的 ST3P A—B 型电子式时间继电器为例进行说明，其铭牌如图 1 - 1 - 17 所示。

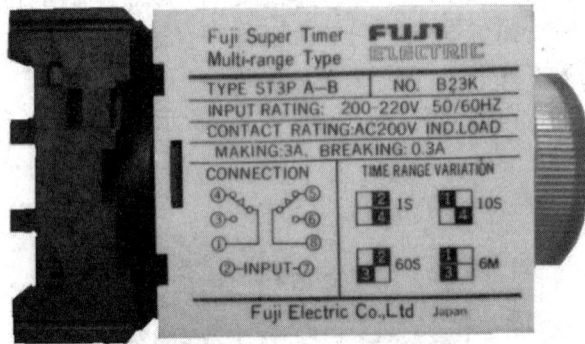

图 1 - 1 - 17　ST3P A—B 型时间继电器铭牌

该类型的时间继电器是安装在底座上的，采用可分离设计，接线则在底座上进行。底座上有端子号，根据图 1 - 1 - 17 可知，②、⑦端子接交流 220 V，为线圈供电；①—③、⑧—⑤为两组延时常开触点；①—④，⑧—⑥为两组延时常闭触点；其他型号有的还带有即时触点可供使用，具体使用应参考侧面接线图。

ST3P A—B 型时间继电器有 4 个延时挡位可供选择，它的旋钮及开关如图 1 - 1 - 18 所示，挡位选择开关位于时间继电器正面右下角。

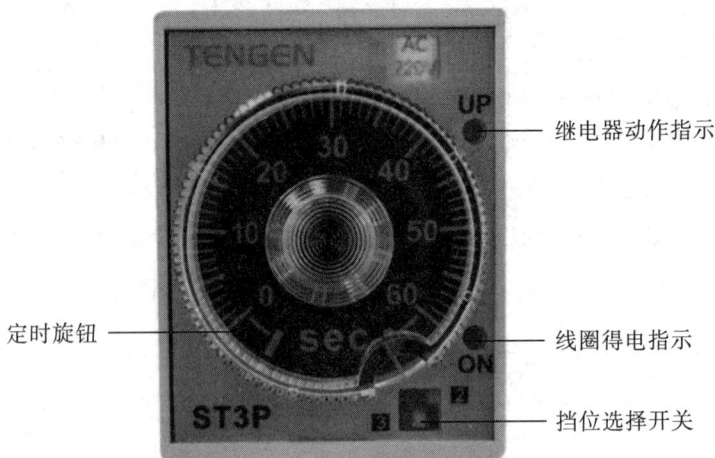

图 1 - 1 - 18　ST3P A—B 型时间继电器的旋钮及开关

多挡位的时间继电器有多个面板可供更换，以适配不同的挡位；在选择适当的挡位后将定时旋钮设定在需要延时的位置，通电延时型时间继电器线圈得电后就会根据设定时间延时动作。

6. 控制按钮

控制按钮是一种主令电器，通常用作短时接通或分断小电流控制电路的开关。

1）控制按钮的触点类型

控制按钮的触点分为常开（NO）和常闭（NC）两种类型。在控制按钮未按下时，常开触点两端断开，常闭触点两端接通；按下控制按钮，常开触点两端接通，常闭触点两端断开。按静态时触点的分合状态，控制按钮可分为常开按钮、常闭按钮及复合按钮。以复合按钮为例，其外观如图1-1-19所示，其中1、2为常闭（NC）触点，3、4为常开（NO）触点。其内部结构示意图如图1-1-20所示。

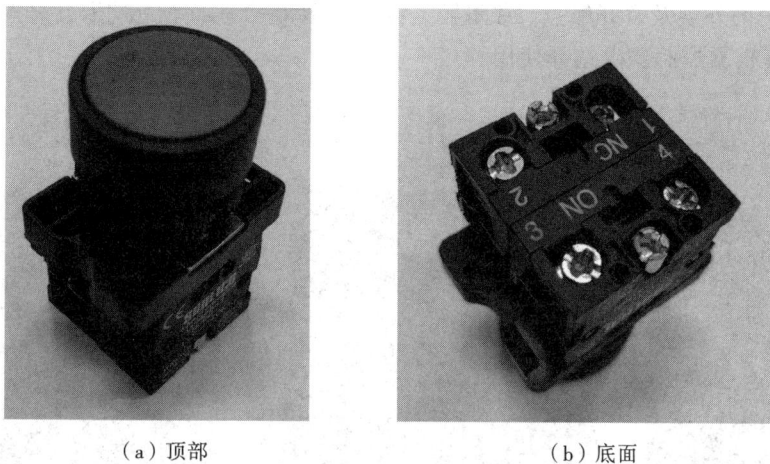

（a）顶部　　　　　　　　　　　　（b）底面

图 1-1-19　复合按钮的外观

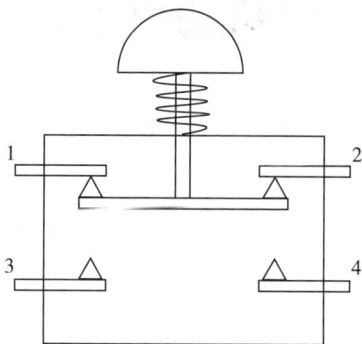

图 1-1-20　复合按钮内部结构示意图

2）控制按钮的符号

控制按钮的文字符号为SB，图形符号如图1-1-21所示。

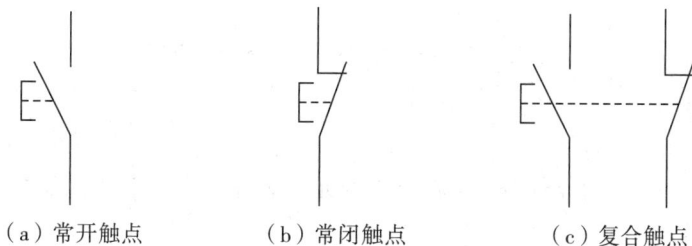

（a）常开触点　　　　　　（b）常闭触点　　　　　　（c）复合触点

图 1-1-21　控制按钮的图形符号

7. 行程开关

行程开关是一种主令电器,又称位置开关或限位开关,其触点的动作不是靠手去操纵,而是利用机械设备的某些运动部件的碰撞来完成的。行程开关主要用来限制机械运动的位置或行程,使运动机械按一定位置或行程自动停止、反向运动、变速运动或自动往返运动等。

1)行程开关的接线

行程开关的外观及常开触点、常闭触点接线如图1-1-22所示,有常开触点和常闭触点各一组,可根据控制要求选择使用。

(a)外观   (b)常开触点接线   (c)常闭触点接线

图1-1-22 行程开关

2)行程开关的符号

行程开关的文字符号为SQ,图形符号如图1-1-23所示。

(a)常开触点   (b)常闭触点

图1-1-23 行程开关的图形符号

❖ **任务评价**

识别表1-1-1中的元件符号,将对应的元件名称、图形符号名称填入表内。

表 1 - 1 - 1　元件符号的识别

符　号	元件名称	图形符号名称	评　分
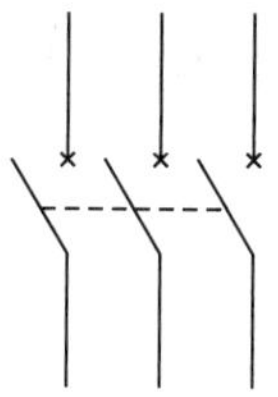 QF			
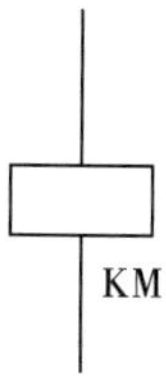 KM			
 KM			
 KM			
 FU			
 KT			
总分			

❖ **任务拓展**

除了以上介绍的各种低压电气元件外，电气控制项目中还涉及哪些？查阅资料后说出并简要说明其作用和工作过程。

```
┌─────────────────────────────────────────────────────────┐
│             任务二　交流接触器及其拆装                      │
└─────────────────────────────────────────────────────────┘
```

❖ **任务目标**

(1) 了解交流接触器的结构和工作原理。

(2) 会使用万用表检测交流接触器并判断元件好坏。

(3) 掌握电气安装的基本规范及 6S 管理规定。

❖ **任务分析**

进行交流接触器拆装，首先要正确选择工具。由交流接触器内部结构的解构图可知交流接触器的构成，根据交流接触器结构确定拆卸顺序，安装时则按照拆卸的逆序进行。

❖ **知识链接**

交流接触器的工作原理如图 1-2-1 所示。当 A1 和 A2 端子接入交流电源后，线圈电流

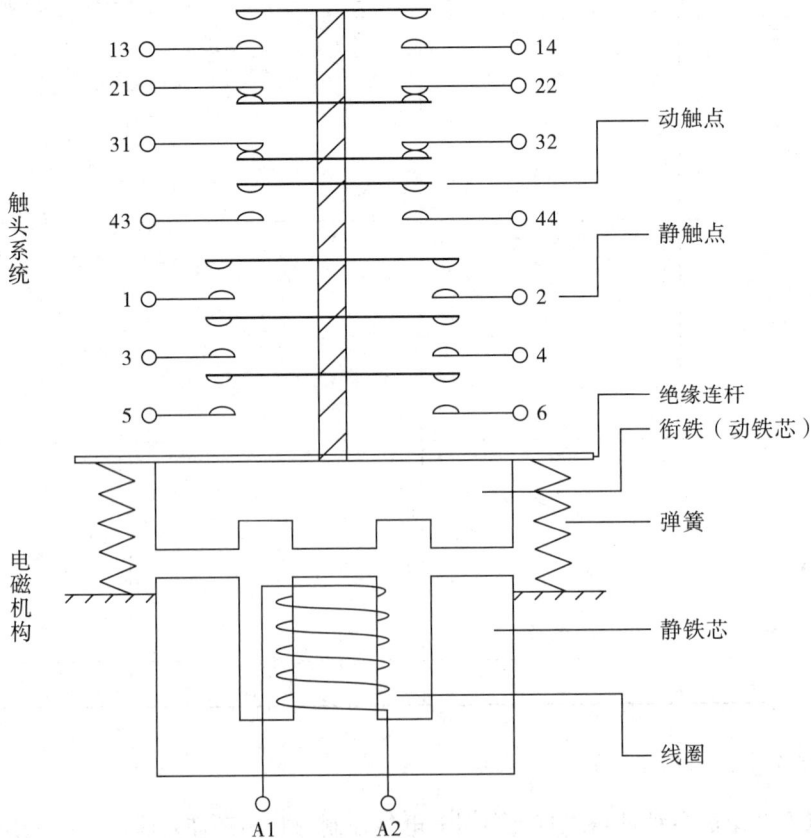

图 1-2-1　交流接触器的工作原理

产生磁场，使静铁芯产生电磁吸力，吸引上方衔铁（动铁芯），衔铁克服弹簧的弹力与静铁芯吸合，与之相连的绝缘连杆以及其上的动触点向下移动，主触头闭合，辅助常开触点闭合，辅助常闭触点断开；当线圈断电时，衔铁因弹簧作用恢复至原位，各触点也恢复到初始状态。

❖ **任务实施**

1. 准备工作

按表1-2-1准备元器件和工具仪表。

表1-2-1　交流接触器拆装元器件清单

序号	名　称	型号与规格	单位	数量
1	交流接触器	CJX2—0910, 220 V	个	1
2	一字螺丝刀		把	1
3	十字螺丝刀		把	1
4	尖嘴钳		把	1
5	万用表		个	1

2. 依顺序拆卸交流接触器

（1）根据交流接触器结构确定拆卸顺序。接触器外壳分为两部分，以两个螺丝结合固定，拆下后按顺序取出弹簧、线圈、静铁芯，再将触头系统部分的接线螺丝拆下，取出静触点后可取出衔铁及动触点。

（2）按图1-2-2拆除接触器的紧固螺丝。拧下螺丝时要注意握住接触器上、下外壳，防止弹簧将外壳顶开时内部零件掉落，并将拆下的螺丝放好，防止遗失。

拆除正面上、下两处紧固螺丝　　　　　分开上、下外壳，注意内部零件
　　　　　　　　　　　　　　　　　　　　　　不要掉落

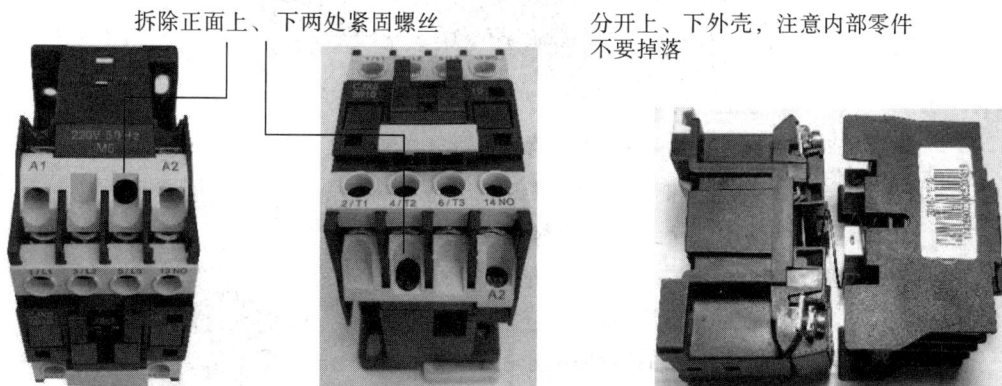

图1-2-2　拆除接触器的紧固螺丝

（3）按图1-2-3所示位置，分别取出弹簧、线圈、静铁芯，并将其如图1-2-4所示进行摆放。注意弹簧是上窄下宽放置的，后续安装时要按此方式放置；线圈一端有两个接线柱，另一端有一个接线柱，也要注意方向，否则无法安装回去；静铁芯上装有缓冲垫，注意不要遗失。

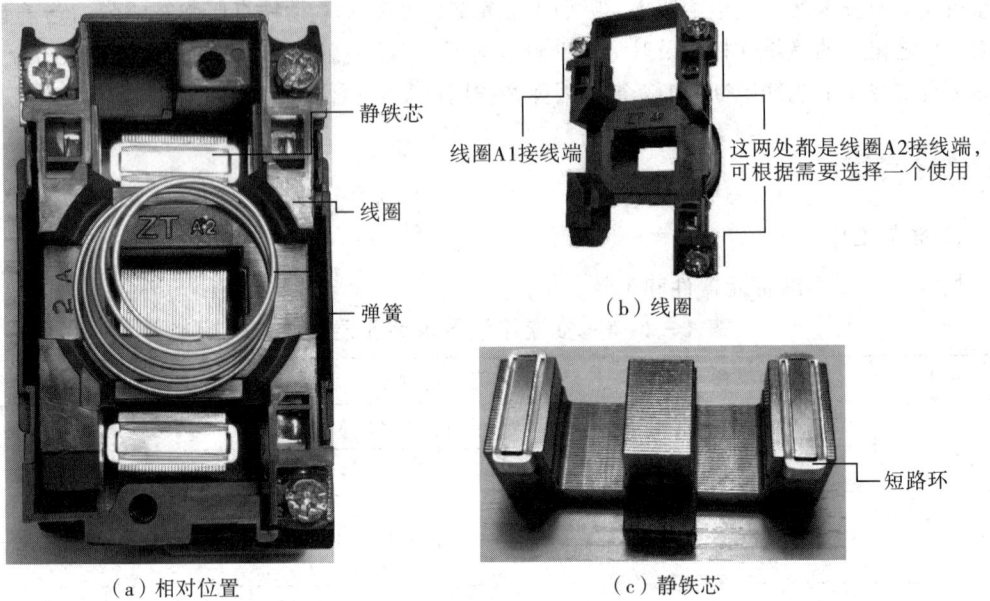

静铁芯

线圈

弹簧

（a）相对位置

线圈A1接线端

这两处都是线圈A2接线端，可根据需要选择一个使用

（b）线圈

短路环

（c）静铁芯

图1-2-3 取出接触器弹簧、线圈和静铁芯

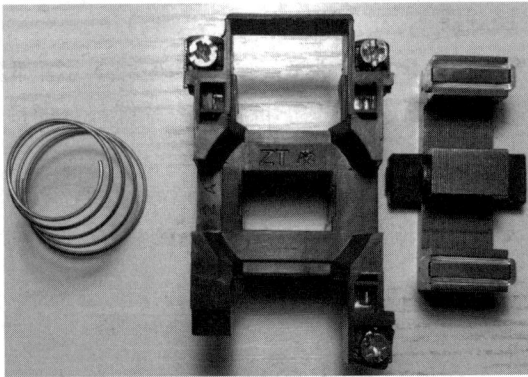

图1-2-4 拆下的弹簧、线圈和静铁芯

（4）如图1-2-5所示拆卸接触器的静触点。先拆除接线螺丝上的保护罩，再用一字或者十字螺丝刀完全拆除接线螺丝。注意接线螺丝上的垫片方向。垫片呈瓦片状，有空隙的边是朝外的，安装时要注意。

将进线、出线一共8个触点的接线螺丝全部取出后单独放置，然后一手顶住衔铁防止掉落，一手用尖嘴钳夹住静触点向外拔出。

静触点是在卡槽中的，安装时也要装回卡槽。需特别注意的是，四组触点中最右边的辅助触点为铝质材料，要区别于左边三个铜质主触点，安装时不可混淆。

拆除保护罩，旋出接线柱螺丝，可见右边的辅助触点与左边三个主触点材料不同。

图1-2-5 接触器静触点的拆卸

（5）如图1-2-6所示取出衔铁。取下全部静触点后，方可取出衔铁。

图1-2-6　衔铁与动触点

3. 逆序安装交流接触器

按拆卸顺序的逆序安装交流接触器。注意各零部件的方向以及静触点是否安装到位。

4. 检测交流接触器

在安装完成后，对交流接触器进行检测，完成交流接触器的拆装任务。按下接触器触点架，使用万用表测量各组触点通断是否正常；测量线圈阻值是否正常。将检测值填入表1-2-2中并在说明栏中给出检测结果。

表1-2-2　交流接触器检测表

检测项目	操 作 方 法	阻值	说　明
检测触点	按下KM触点架，测量1—2、3—4、5—6、13—14之间的电阻值		
检测线圈	测量A1—A2之间的电阻值		

（1）触点的检测。如图1-2-7所示，将万用表调到蜂鸣(200 Ω)挡，两表笔接待测触点的两端接线柱，按下接触器触点架，根据蜂鸣指示或阻值判定导通是否正常。然后依次测量其他几组触点。

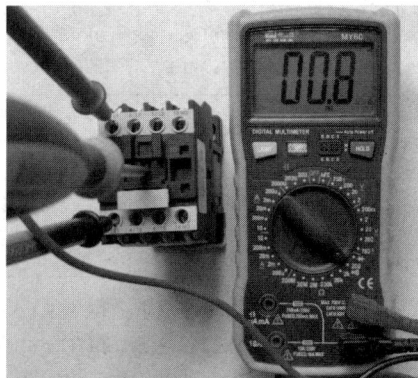

图1-2-7　触点的检测

（2）线圈的检测。如图 1-2-8 所示，将万用表调到电阻 2 kΩ 挡，两表笔接触 A1 和 A2 端子，本型号接触器 A1 和 A2 端子间阻值在 600 Ω 左右为正常。

图 1-2-8　线圈的检测

5. 清理现场

实训结束后，按 6S 要求清理现场，收拾工具、仪表，整理实训操作台，清扫实训场地，完成任务评价表。

❖ **任务评价**

交流接触器拆装任务评分标准如表 1-2-3 所示，对照评分标准对任务完成情况进行评价打分。

表 1-2-3　交流接触器拆装任务评分标准

任务名称		学生姓名		组别		工位号	
						用时长	
序号	内容	配分	评分标准			扣分	
1	工具使用	10	（1）不能正确选择工具，扣 5 分； （2）不能正确使用工具，扣 5 分				
2	拆装操作	50	（1）不按规定拆卸流程操作，扣 30 分； （2）拆卸时元件掉落，扣 10 分； （3）零件安装错误，每处扣 5 分； （4）零件遗失，扣 50 分				
3	元件检测	20	（1）触点导通不合格，扣 10 分； （2）线圈损坏，扣 20 分； （3）外观破损，扣 20 分				
4	安全文明	10	违反安全文明生产，扣 10 分				
5	清扫清洁	10	（1）未按规定拆除导线，扣 3 分； （2）未把工具归置还原，扣 3 分； （3）未把工作台清理干净，扣 4 分				

❖ **任务拓展**

测量线圈额定电压为 380 V 的交流接触器线圈阻值,说明测量步骤,设计表格并填写测量结果。

❖ **思考练习题**

选择题

1. 图 1-2-9 中中间标签表示的含义是(　　　)。

A. 主触头额定电压、频率和接线柱尺寸　　B. 辅助触头额定电压、频率和接线柱尺寸

C. 线圈额定电压、频率和线圈代码　　D. 线圈额定电压、频率和接触器型号

图 1-2-9

2. CJ2X—0910 接触器共有(　　　)触头。

A. 4 对　　　　　　B. 5 对　　　　　　C. 6 对　　　　　　D. 7 对

任务三　空气阻尼式时间继电器及其拆装

❖ **任务目标**

(1) 了解空气阻尼式时间继电器的结构和工作过程。

(2) 能使用万用表检测空气阻尼式时间继电器,并判断元件好坏。

(3) 通过拆装掌握电气拆装的一般方法。

(4) 掌握电气安装的基本规范及 6S 管理规定。

❖ **任务分析**

电气拆装首先要保证安全,其次不能损坏设备和元件。空气阻尼式时间继电器的机械结构较为复杂,零部件较多,在拆装时注意拆卸顺序并做好记录,以确保拆装后设备能工作正常;同时按照 6S 规范操作,拆卸的零件分类放好,防止遗失。

❖ **知识链接**

空气阻尼式时间继电器的结构示意图如图1-3-1所示。当线圈通电时，衔铁克服复位弹簧弹力吸合，常开触点瞬时闭合，常闭触点瞬时断开；同时，由于推板随衔铁上升，下方活塞杆在塔形弹簧的作用下向上移动，但气室吸入空气速度受调节螺杆限制，活塞杆上升到位需要一定时间，这一时间即为时间继电器的延时时间；当活塞杆上升到位时，与之相连的杠杆下压，使延时常开触点闭合，延时常闭触点断开；当线圈失电时，复位弹簧使衔铁向下恢复原位，活塞杆被压下，瞬时触点和延时触点均恢复初始状态。

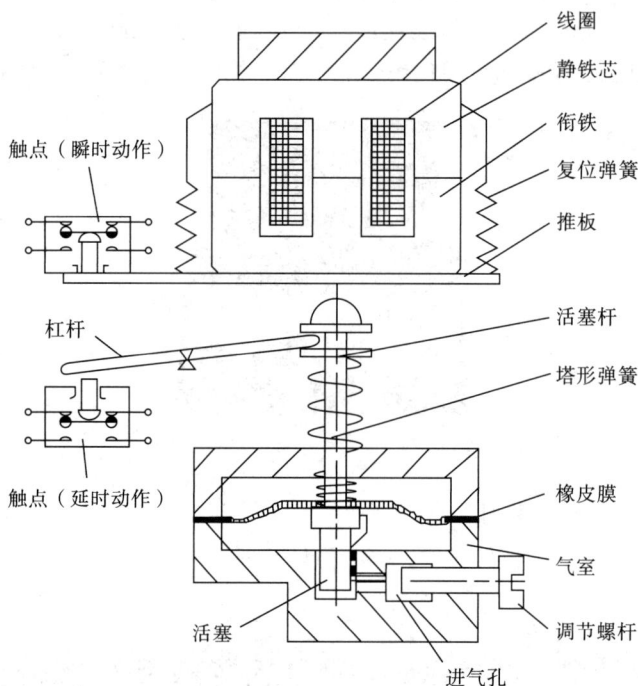

图1-3-1　空气阻尼式时间继电器的结构示意图

❖ **任务实施**

1. 准备工作

按表1-3-1准备元器件和工具仪表。

表1-3-1　空气阻尼式时间继电器拆装元器件清单

序号	名　　称	型号与规格	单位	数量
1	空气阻尼式时间继电器	JS7—1A 时间继电器	个	1
2	一字螺丝刀		把	1
3	十字螺丝刀		把	1
4	尖嘴钳		把	1
5	万用表		个	1

2. 根据结构图按顺序拆卸

由图 1-3-1 可知，JS7-1A 型时间继电器大体分为线圈铁芯所在的瞬时动作部分和下方气室所在的延时动作部分，它们共同安装在一块背板上。因此拆卸时可将上、下两部分先拆开，再由大到小进行拆卸。拆卸顺序如下：

（1）如图 1-3-2 所示，将瞬时动作部分和延时动作部分拆开。

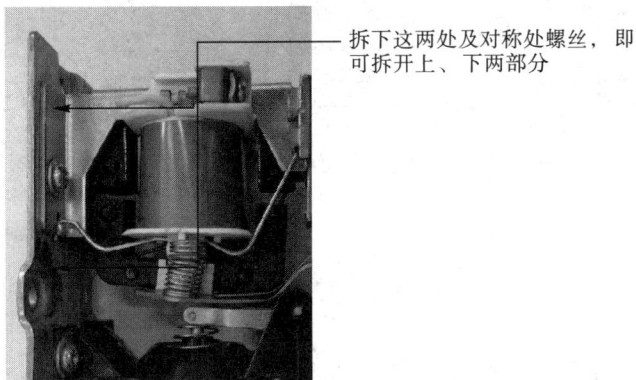

拆下这两处及对称处螺丝，即可拆开上、下两部分

图 1-3-2　固定螺丝位置示意图

（2）按图 1-3-3 和图 1-3-4 所示，拆卸瞬时触点、推板、静铁芯和线圈，按照图 1-3-5 所示进行摆放。

（a）正面

（b）拆下瞬时触点　　　　　（c）拆下的触点

图 1-3-3　瞬时触点的拆卸

（a）取下复位弹簧   （b）取下固定钩

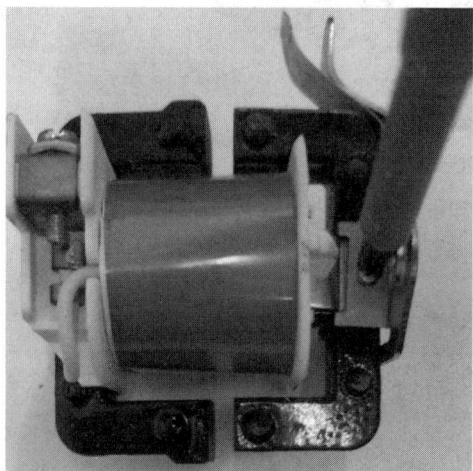

（c）用螺丝刀顶出推板固定销   （d）另一面用尖嘴钳夹出固定销

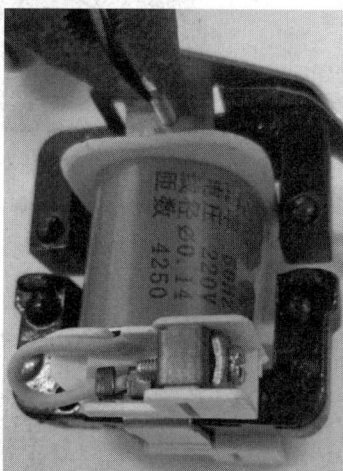

图 1 - 3 - 4   铁芯和线圈的拆卸

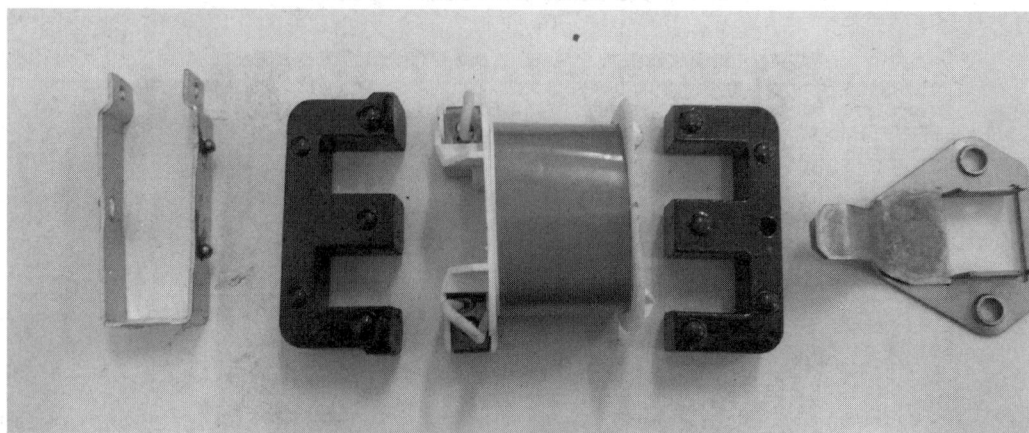

图 1 - 3 - 5   衔铁、静铁芯、线圈、推板

（3）按图1-3-6和图1-3-7所示，拆卸延时机构部分，拆解气室，打开气室可见活塞、橡皮膜等。

（a）拆卸延时触点　　　　　　　　（b）拆卸下延时机构和触点

（c）拆卸气室、活塞机构

图1-3-6　延时机构的拆卸

图1-3-7　气室的拆解

3. 逆序安装时间继电器

按拆卸顺序的逆序安装时间继电器，安装时要特别注意还原拆卸前各部件的间距等，否则会因机械安装误差造成整定时间误差过大，甚至无法实现延时。

4. 检测时间继电器

使用万用表对安装好的时间继电器进行检测校验。检测各触点初始通断情况，然后手动推动衔铁检测瞬时触点通断情况；松开衔铁观察延时机构动作是否正常，同时检测延时触点通断情况，测量线圈的阻值。通过气室下方的调节螺杆对延时的长短进行调节；给线圈通电，观察延时动作是否满足延时时间设置，完成时间继电器的延时校验。

5. 清理现场

实训结束后，按6S要求清理现场，收拾工具、仪表，整理实训操作台，清扫实训场地，完成任务评价表。

❖ 任务评价

空气阻尼式时间继电器拆装任务评分标准如表1-3-2所示，对照评分标准对任务完成情况进行评价打分。

表1-3-2　空气阻尼式时间继电器拆装任务评分标准

任务名称		学生姓名		组别		工位号	
						用时长	
序号	内容	配分	评分标准				扣分
1	工具使用	10	(1) 不能正确选择工具，扣5分； (2) 不能正确使用工具，扣5分				
2	拆装操作	50	(1) 不按规定拆卸流程操作，扣30分； (2) 拆卸时元件掉落，扣10分； (3) 零件安装错误，每处扣5分； (4) 零件遗失，扣50分				
3	元件检测	20	(1) 触点延时功能不能实现，扣10分； (2) 线圈、橡皮膜损坏，扣20分； (3) 外观破损，扣20分				
4	安全文明	10	违反安全文明生产，扣10分				
5	清扫清洁	10	(1) 未按规定拆除导线，扣3分； (2) 未把工具归置还原，扣3分； (3) 未把工作台清理干净，扣4分				

❖ 任务拓展

查阅资料，说明时间继电器有哪些延时类型，各类型的延时触点是如何动作的。

❖ 思考练习题

选择题

正常状态下调节图1-3-8中所示螺杆，若使之略微向下旋出，则可能造成（　　）。

A. 延时时间变长

B. 延时时间变短

C. 延时触点始终不能动作

D. 线圈得电后延时触点立即动作

图 1 - 3 - 8

任务四　三相异步笼式电动机的结构及接线

❖ **任务目标**

（1）认识电动机相关部分和元件符号。

（2）能通过阻值判断电动机绕组情况，并能正确进行三相异步笼式电动机的接线。

❖ **任务分析**

本任务要求对三相异步笼式电动机的基本结构、原理和接线方法正确理解和掌握，为后续电气控制项目的实施打下良好基础。

❖ **知识链接**

电动机根据使用电源不同，可分为直流电动机和交流电动机，交流电动机还可分为单相交流电动机和三相交流电动机；三相交流电动机根据结构不同又分为三相异步笼式电动机和三相异步绕线式电动机。本任务主要针对三相异步笼式电动机进行介绍。

❖ 任务实施

1. 认识三相异步笼式电动机

在现代工农业生产中，三相异步笼式电动机的用途最为广泛，大约有 70%～80% 的机械传动设备是由它来驱动的。由于这种电动机结构简单、运行可靠、维修方便、价格便宜，因而得到广泛应用。

1）三相异步笼式电动机的型号及含义

三相异步笼式电动机的外观如图 1-4-1 所示，YS 系列三相异步电动机的铭牌如图 1-4-2 所示。

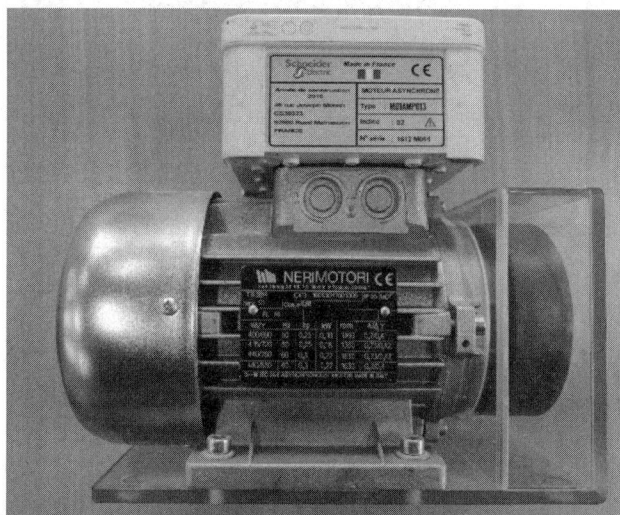

图 1-4-1　三相异步笼式电动机的外观

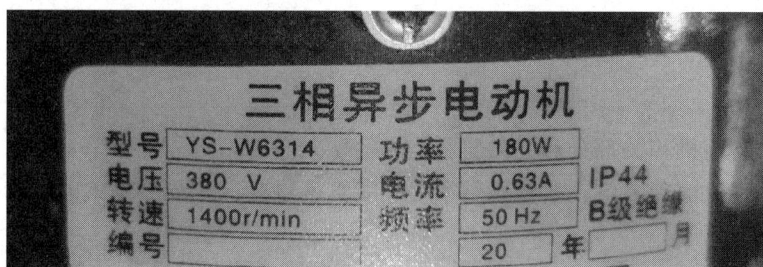

图 1-4-2　YS 系列三相异步电动机的铭牌

三相异步电动机的型号及含义如下：

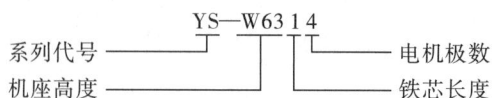

```
                YS—W63 1 4
系列代号 ————┘ └┘ │ └———— 电机极数
机座高度 ————————┘     └———— 铁芯长度
```

其中，系列代号 YS 指三相异步电动机；机座高度指电动机轴的中心到底座的高度；铁芯长度指电动机内产生磁场的定子铁芯的长度；电机极数指由定子产生的磁场的磁极数。

电动机的铭牌上标有功率、电压、电流、转速、频率等重要参数,其中,功率指电机的额定轴输出功率;电压指电机额定电压;电流指额定电压下输出额定功率时的电流值;转速指电机空载时的实际转速;频率指交流电源的频率。

2) 三相异步笼式电动机的符号

三相异步笼式电动机的符号如图 1-4-3 所示。

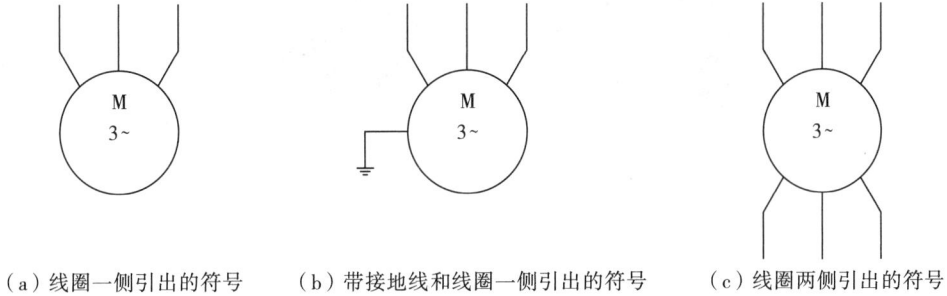

（a）线圈一侧引出的符号　　　　（b）带接地线和线圈一侧引出的符号　　　　（c）线圈两侧引出的符号

图 1-4-3　三相异步笼式电动机的符号

3) 三相异步笼式电动机的结构

三相异步笼式电动机主要由定子、转子和其他附件组成。定子的主要部分是定子绕组和定子铁芯;转子的主要部分是转子轴、转子铁芯和由铝或铜条构成的转子绕组;其他附件部分有轴承、风扇、接线盒、外壳、端盖等。三相异步笼式电动机的结构如图 1-4-4 所示。

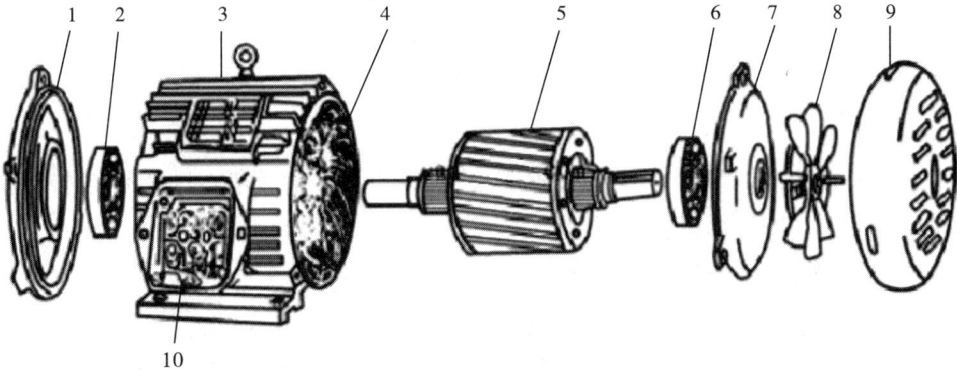

1—端盖;2、6—轴承;3—机座;4—定子绕组;5—转子;7—端盖;8—风扇;9—风罩;10—接线盒

图 1-4-4　三相异步笼式电动机的结构

4) 三相异步笼式电动机的工作原理

当电动机的三相定子绕组通入三相对称交流电后,将产生一个旋转磁场,该旋转磁场示意图如图 1-4-5 所示。该旋转磁场切割转子绕组,从而在闭合的转子绕组中产生感应电流。在旋转磁场的作用下,有感应电流通过的转子绕组将产生电磁力,转子在旋转磁场受力旋转的示意图如图 1-4-6 所示,从而在电动机轴上形成电磁转矩,驱动电动机旋转,并且电动机旋转方向与旋转磁场方向相同。

图 1-4-5　定子绕组产生的旋转磁场示意图

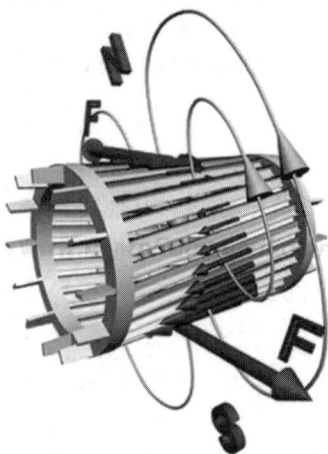

图 1-4-6　转子在旋转磁场受力旋转示意图

　　由于转矩的形成依赖旋转磁场切割转子绕组，因此转子的转速必然慢于旋转磁场的转速，故而这类电动机被称为异步电动机。

2. 三相异步笼式电动机绕组的检测

　　通过测量每组绕组的电阻值，可以判断电动机的好坏。将万用表设置在 1 kΩ 挡，如图 1-4-7 所示，分别对三个绕组的阻值进行测量，各相绕组在无短路、断路的情况下，阻值基本相等；各绕组间绝缘良好；各相绕组对地绝缘良好。

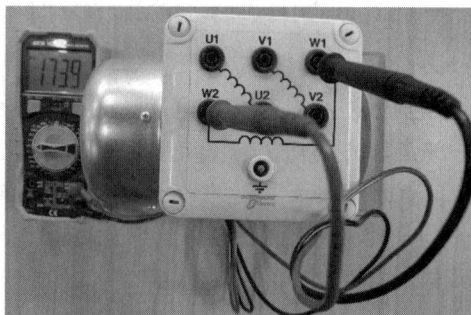

图 1-4-7　绕组的检测

3. 三相异步笼式电动机定子绕组的联结方式

三相异步笼式电动机的定子绕组有三组，一般标识为 U、V、W。每相绕组都有首尾两端，U 绕组首端标记为 U1，尾端标记为 U2，其余两个绕组以此类推，因此，电动机的接线盒中有六个接线端子。电动机定子绕组的接线类型有星形联结和三角形联结两种。需特别注意的是，绕组间首尾的相对方向不可接反，否则可能导致电动机损坏。只有正确接入三相交流电，电动机才能正常工作。

1）星形联结

星形联结的示意图与接线实物图如图 1-4-8 所示。

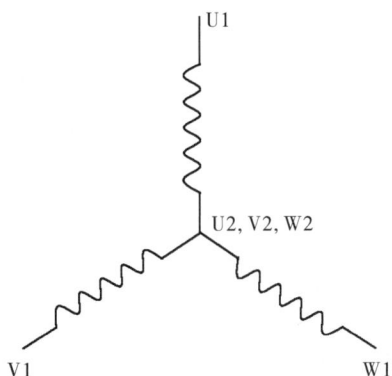
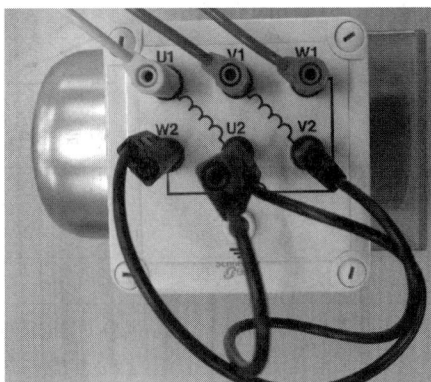

（a）联结示意图　　　　　　　　　　（b）接线实物图

图 1-4-8　星形联结

由图 1-4-8 可知，星形联结是将 U1、V1、W1 分别接电源三相，U2、V2、W2 用短接片或导线连接在一起。

2）三角形联结

三角形联结的示意图与接线实物图如图 1-4-9 所示。

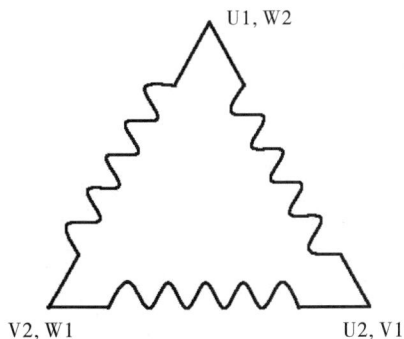
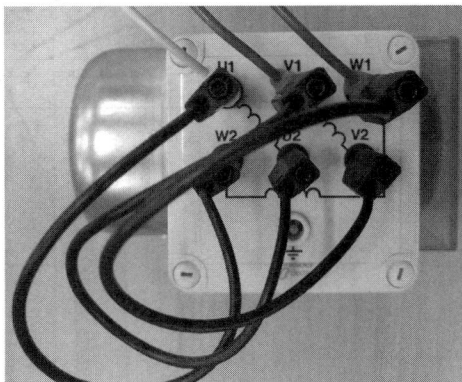

（a）联结示意图　　　　　　　　　　（b）接线实物图

图 1-4-9　三角形联结

由图 1-4-9 可知，三角形联结是将 U1 和 W2、V1 和 U2、W1 和 V2 分别用短接片或者导线连接形成三组端子，再将三组端子分别接电源三相。

❖ **任务评价**

　　分别测量三相异步笼式电动机各相绕组的阻值并填入表 1-4-1 中。三相异步笼式电动机接线任务评分标准如表 1-4-2 所示，分别完成电动机绕组的星形联结和三角形联结的接线操作，并按评分标准进行评分。

表 1-4-1　三相绕组阻值

序号	绕组编号	阻　　值
1	U	
2	V	
3	W	

表 1-4-2　三相异步笼式电动机接线任务评分标准

任务名称		学生姓名		组别		工位号	
						用时长	
序号	内　容	配分	评　分　标　准			扣　分	
1	工具使用	10	(1) 不能正确使用工具，扣 5 分； (2) 不能正确选择万用表挡位，扣 5 分				
2	接线操作	50	(1) 未按正确接线方式接线，扣 30 分； (2) 安全插线颜色选择错误，扣 10 分； (3) 接线虚接，每处扣 5 分				
3	元件检测	20	(1) 接线不导通，扣 10 分； (2) 电动机线圈检测不正确，扣 20 分				
4	安全文明	10	违反安全文明生产，扣 10 分				
5	清扫清洁	10	(1) 未按规定拆除导线，扣 3 分； (2) 未把工具归置还原，扣 3 分； (3) 未把工作台清理干净，扣 4 分				

❖ **任务拓展**

　　查阅相关资料，了解三相异步绕线式电动机的结构及接线方法。

❖ **思考练习题**

　　若一台三相异步笼式电动机接入 380 V 三相交流电源，则采用星形联结及三角形联结时，一相绕组两端的电压分别是多少伏？

项目二

电动机单向启停控制电路的安装与调试

【项目概述】

点动和接触器自锁控制电路是电动机最基本的控制电路，牢固地掌握最基本的控制电路是学习复杂的控制电路的基础。在操作的过程中学习电路图识读与绘制，通过学习接线图的识读方法，理解控制工作原理，为进一步学习动力电路打好基础。

任务一　电动机点动控制电路

❖ 任务目标

（1）能正确识读电动机点动控制电路原理图，会分析工作原理。

（2）能根据电动机点动控制电路原理图，安装调试电路。

（3）会使用万用表检查电路，验证电路安装的正确性，并进行故障排除。

（4）遵守 6S 管理规定，做到安全文明规范操作。

❖ 任务分析

点动控制电路是最基本的电气控制电路之一，按下按钮，电动机通电运转；松开按钮，电动机失电停止。它是一种电动机短时运行控制电路，广泛应用于设备试车、起重物和机床设备调整等场合。该任务首先要学习交流接触器、控制按钮等重要的低压电器，能识别它们的文字符号和图形符号，熟悉其动作原理和常用型号，进而分析点动控制电路的工作原理，绘制安装布置图及接线图，掌握板前明线敷设的工艺要求，最后进行安装与调试。

❖ 知识链接

1. 电气原理图的绘制规则

电气原理图是用来表明各设备电气的工作原理及电器元件的作用、相互之间的关系的一种表达方式，一般由主电路、控制电路、保护电路等几部分组成，在绘制时，依据我国现行电气图形标准 GB/T 4728—2005～2008《电气简图用图形符号》选用图形符号。主电路（也称为主回路）用粗实线画出主要控制、保护等用电设备，如低压断路器、熔断器、热继电器、电动机等，并依次标明对应的文字符号。控制电路（也称为控制回路）一般是由开关、按钮、信号指示、接触器、继电器的线圈和各种辅助触点构成，用以控制主电路中受控设备的"启动""运行""停止"，使主电路中的设备按设计工艺的要求正常工作。对于简单的控制电路，只需依据主电路要实现的功能，结合生产工艺要求及设备动作的先、后顺序依次分析，仔细绘制。对于复杂的控制电路，要按各部分所完成的功能，分割成若干个局部控制电路，然后与典型电路相对照，找出相同之处，本着先简后繁、先易后难的原则逐个画出每个局部环节，再找到各环节的相互关系。

如图 2-1-1 所示，三相交流电源线 L1、L2、L3、低压断路器 QF、熔断器 FU1 从左向右依次水平绘制；接触器 KM 的三对主触点、热继电器和电动机的电源线均垂直绘制于电气原理图的左侧，组成主电路。由熔断器 FU2、按钮 SB、热继电器触头、接触器 KM 线圈组成的控制电路跨接在 L1 和 L2 两条电源线之间，绘制于主电路的右侧，接触器 KM 的线圈位于电路的下方，文字符号标注为 KM，表示与主电路中的三对主触点 KM 为同一个电器元件。在电气原理图绘制完成后，还需在电气原理图上定义并标注每一根线号。主电路用 U、V、W 和数字表示，如 U11、V11、W11；控制电路用阿拉伯数字表示，编号原则为从左到右、从上到下递增。

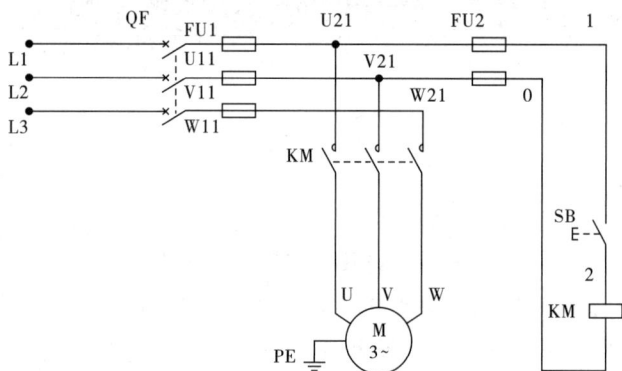

图 2-1-1　电动机点动控制电路

2. 点动控制电路工作过程

（1）电动机启动：合上低压断路器 QF，按下启动按钮 SB，接触器 KM 线圈得电，KM 主触点闭合，电动机 M 启动运行。

（2）电动机停止：松开启动按钮 SB，接触器 KM 线圈失电，KM 主触点断开，电动机 M 断电停止。

❖ **任务实施**

1. 准备工作

按表 2-1-1 准备工具、仪表、元器件及辅助材料，检查元器件外观是否完整，检测元器件各项技术指标是否符合规定要求。

表 2-1-1　电动机点动控制电路元器件清单表

序号	名　称	型号与规格	单位	数量
1	三相异步电动机	Y112M—4，4 kW，380 V，8.8 A	台	1
2	低压断路器	DZ47—63，380 V，20 A	只	1
3	交流接触器	CJX2—1210，线圈电压 380 V	只	1
4	熔断器	RT18—32，500 V，熔体 20 A 和 4 A	只	5
5	控制按钮	LA—18，5 A	只	1
6	端子排	TB1510，600 V	只	1
7	导轨	35 mm×200 mm		若干
8	塑料软铜线	BVR 0.75 mm^2，黄色、绿色、红色、蓝色		若干
9	接地保护线	BVR 1.5 mm^2，黄绿色		若干
10	号码管	1.5 mm^2		若干
11	冷压头	1.5 mm^2，0.75 mm^2		若干
12	线槽	20 mm×40 mm		若干

2. 绘制布置图

将网孔板由上至下划分为三个区域，第一个区域安装低压断路器及熔断器，第二个区域安装接触器，第三个区域安装端子排，如图 2-1-2 所示，按钮经端子排与板内元器件连接。

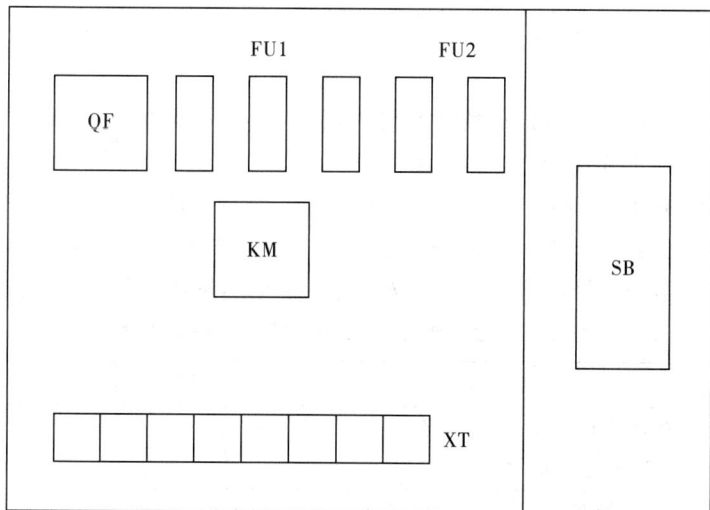

图 2-1-2　电动机点动控制电路电器布置

3. 绘制接线图

在图 2-1-3 上绘制完整的电动机点动控制电路接线图。按照线槽布线工艺要求进行布线，在导线两端套号码管和冷压头。

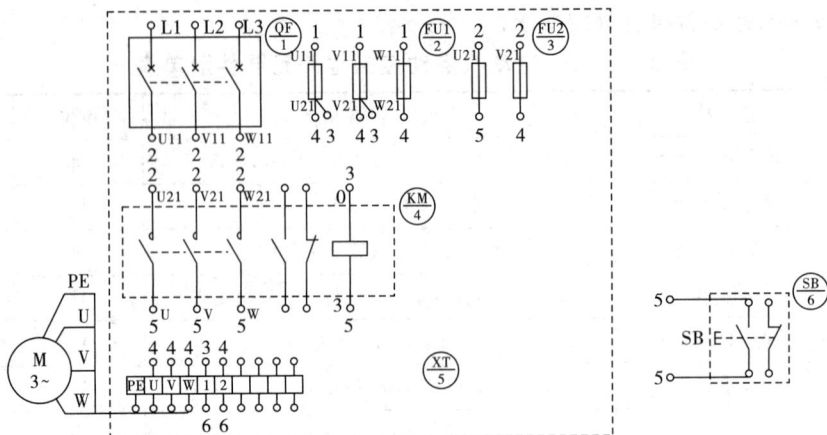

图 2-1-3　电动机点动控制电路接线

4. 按图施工

按照图纸要求,完成电动机点动控制电路的安装与调试。

布线工艺要求如下:

(1) 按主电路、控制电路分类集中,单层平行密排,紧贴敷设面。

(2) 布线顺序为从上至下,从左到右,先主回路,后控制回路。

(3) 布线合理,不能交叉。同一平面上的导线保持高低一致或前后一致。

(4) 布线横平竖直、分布均匀、转弯垂直,注意不伤线芯,不伤绝缘层。

(5) 在导线与接线端子连接时,要做到不反圈、不压绝缘层、不露芯过长,同一元器件、同一回路导线间距离保持一致。

(6) 一个接线端子上的连接导线不能超过两根,一般只允许连接一根。

5. 通电试车

安装完毕后,经过学生自检和教师检查,无误后接通三相电源,通电试车。

(1) 导线连接的正确性检查。按电路图或者接线图从电源端开始,逐段核对接线端子处线号是否正确,有无漏接错接。检查导线连接是否牢固,是否有露芯过长现象。

(2) 电路的通断情况检查。在断开电源的情况下,选用万用表 R×100 或 R×1k 挡,按检测表 2-1-2 要求,将测量的阻值填入表中,根据测量值判断是否存在接线错误。

表 2-1-2　电动机点动控制电路检测表

检测项目	操作方法	阻值	说明
主回路	未操作任何电器,测量 U11—U、V11—V、W11—W 两端之间的电阻		
	压下接触器 KM 触点架,测量 U11—U、V11—V、W11—W 两端之间的电阻		
控制回路	未操作任何电器,测量控制电路电源两端 U21—V21 之间的电阻		
	按下 SB,测量控制电路电源两端 U21—V21 之间的电阻		

（3）通电试车。合上低压断路器，依据控制要求，按下启动按钮 SB，观察电动机 M 是否运行；松开启动按钮 SB，观察电动机 M 是否停止。

（4）试车成功后，断开电源，拆除导线，整理工具材料和操作台。

6. 故障排除

电动机点动控制电路常见故障现象如表 2-1-3 所示，将故障分析与处理情况填入表中。

表 2-1-3　电动机点动控制电路常见故障现象分析与处理

操作方法	故障现象	故障分析	故障处理
未操作	测量发现控制电路电源两端 U21—V21 不是开路状态		
按下 SB	KM 触点不吸合		

7. 清理现场

实训结束后，按 6S 要求清理现场，收拾工具、仪表，整理实训操作台，清扫实训场地，完成任务评价表。

❖ **任 务 评 价**

电动机点动控制电路安装与调试任务评分标准如表 2-1-4 所示，对照评分标准对任务完成情况进行评价打分。

表 2-1-4　电动机点动转控制电路安装与调试任务评分标准

任务名称		学生姓名		组别		工位号	
						用时长	
序号	内容	配分		评分标准			扣分
1	安装元器件	10	（1）不按电器布置图安装，扣 10 分； （2）元器件安装不牢固，每只扣 2 分； （3）损坏元器件，每只扣 5 分				
2	布线工艺	20	（1）不按电气原理图接线，扣 15 分； （2）布线不进线槽、不美观，扣 10 分； （3）接点松动、露芯过长、压绝缘层等，每处扣 1 分				
3	通电试车	50	（1）第一次试车不成功，扣 25 分； （2）第二次试车不成功，扣 35 分； （3）第三次试车不成功，扣 50 分				
4	安全文明	10	违反安全文明生产，扣 10 分				
5	清扫清洁	10	（1）未按规定拆除导线，扣 3 分； （2）未把工具归置还原，扣 3 分； （3）未把工作台清理干净，扣 4 分				

❖ **任务拓展**

查找资料识读 CJT1—20/3 交流接触器的型号。

❖ **思考练习题**

一、判断题

按钮帽做成不同的颜色是为了标明各个按钮的作用。　　　　　　　　　　（　　）

二、单选题

1. 熔断器的额定电流应（　　）所装熔体的额定电流。

A. 大于　　　　　　B. 大于或等于　　　　　C. 小于　　　　　　D. 不大于

2. 能够充分表达电气设备和电器的用途以及线路工作原理的是（　　）。

A. 接线图　　　　　B. 电气原理图　　　　　C. 布置图　　　　　D. 安装图

任务二　电动机长动控制电路

❖ **任务目标**

（1）能正确识读电动机长动控制电路原理图，会分析工作原理。

（2）能根据电动机长动控制电路原理图，安装调试电路。

（3）能根据故障现象对电动机长动控制电路的简单故障进行排查。

（4）遵守 6S 管理规定，做到安全文明规范操作。

❖ **任务分析**

控制一台电动机，要求按下 SB1 时，电动机运行，松开 SB1 电动机仍然保持运行；按下 SB2 时，电动机停止。

❖ **知识链接**

1. 识读电气控制系统图

电气控制系统图是一种统一的工程语言，它采用统一的图形符号和文字符号来表达电气控制系统的组成结构、工作原理及安装、调试和检修等技术要求，一般包括电路原理图、电器布置图和电气接线图。

2. 长动控制电路工作过程

（1）电动机启动：合上低压断路器 QF，按下启动按钮 SB1，KM 线圈得电，KM 主触点闭合，电动机 M 全压启动运行，KM 辅助常开触点闭合，形成自锁，松开启动按钮 SB1，由于自锁，电动机 M 保持全压运行；

（2）电动机停止：按下停止按钮 SB2，KM 线圈失电，KM 主触点断开，电动机 M 断电停止，KM 辅助常开触点复位。

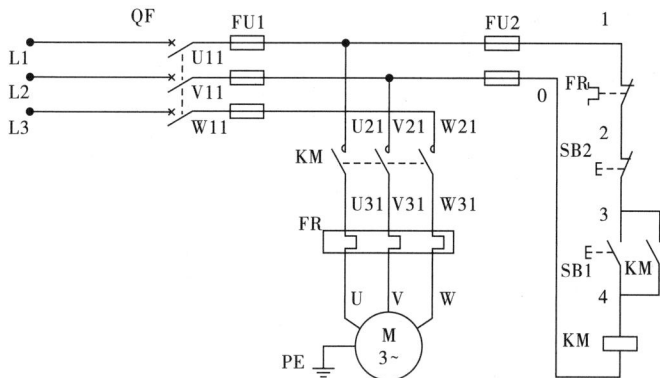

图 2-2-1　电动机长动控制电路

3. 自锁的概念

接触器利用自身的常开辅助触点使线圈保持通电的现象称为自锁，自锁的特点是常开触点与启动按钮并联。电动机点动控制和长动控制最关键的区别是，长动有自锁，点动没有自锁。

❖ **任务实施**

1. 准备工作

按控制要求准备工具、仪表、元器件及辅助材料，填写领料单表 2-2-1 并领料，检查元器件外观是否完整，检测元器件各项技术指标是否符合规定要求。

表 2-2-1　电动机长动控制电路领料单

班级		姓名		组别		工位号	
分类	名　称		型　号　与　规　格			单位	数量
工具							
仪表							
器材							
耗料							

2. 绘制布置图

将网孔板由上至下划分为四个区域，第一个区域安装低压断路器及熔断器，第二个区域安装接触器，第三个区域安装热继电器，第四个区域安装端子排，如图2-2-2所示，按钮经端子排与板内元器件连接。

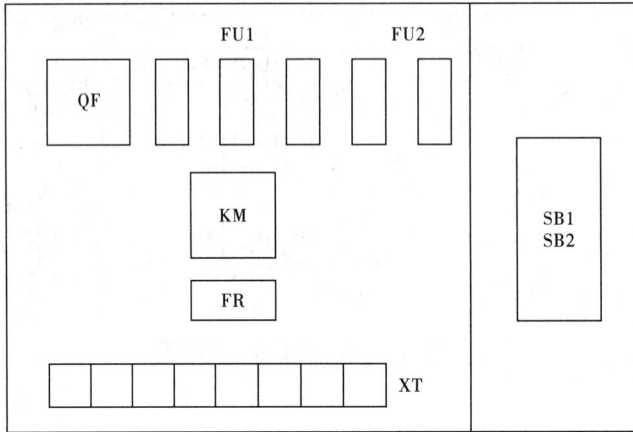

图2-2-2　电动机长动控制电路电器布置

3. 绘制接线图

在图2-2-3上绘制完整的电动机长动控制电路接线图。按照线槽布线工艺要求进行布线，在导线两端套号码管和冷压头。

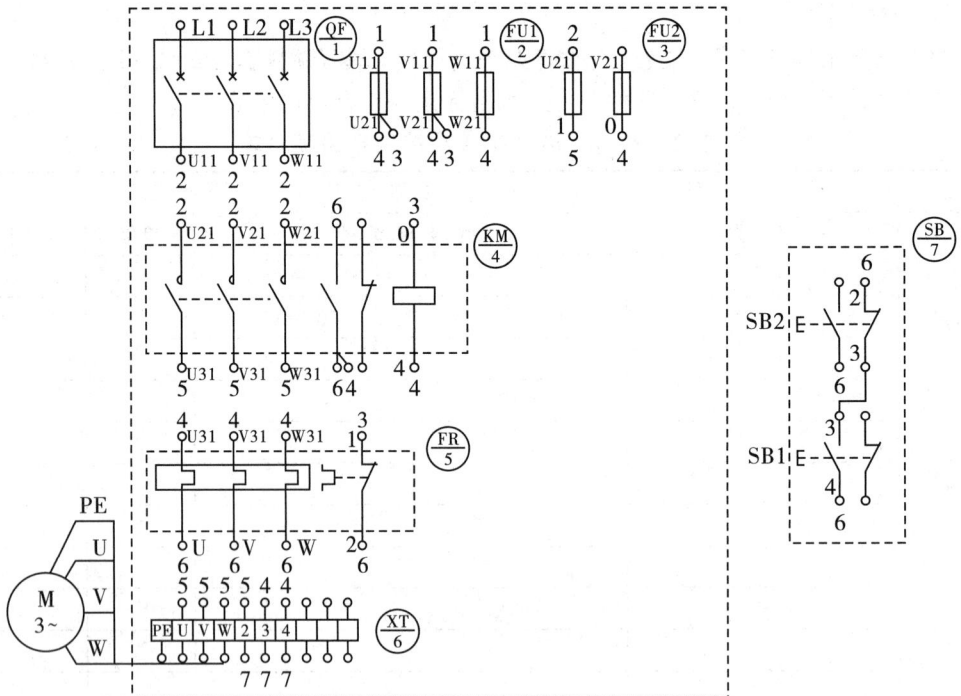

图2-2-3　电动机长动控制电路接线

4. 按图施工

按照图纸要求，完成电动机长动控制电路的安装与调试。布线工艺要求参见本项目的任务一。

5. 通电试车

安装完毕后，经过学生自检和教师检查，无误后接通三相电源，通电试车。

（1）导线连接的正确性检查。按电路图或者接线图从电源端开始，逐段核对接线端子处线号是否正确，有无漏接错接。检查导线接点压接是否牢固，是否有露芯过长现象。

（2）电路的通断情况检查。在断开电源的情况下，选用万用表 R×100 或 R×1k 挡，按检测表 2-2-2 要求，将测量的电阻值填入表中，根据测量值判断是否存在接线错误。

（3）通电试车。合上低压断路器，依据控制要求，按下启动按钮 SB1，观察电动机 M 是否运行；按下 SB2，观察电动机 M 是否停止。

（4）试车成功后，断开电源，拆除导线，整理工具材料和操作台。

表 2-2-2　电动机长动控制电路检测表

检测项目	操作方法	阻值	说明
主回路	未操作任何电器，测量接线端子的 L1 与 L2、L2 与 L3、L3 与 L1 两端之间的电阻		
	未操作任何电器，测量接线端子的 L1 与 U、L2 与 V、L3 与 W 两端之间的电阻		
	合上 QF，压下接触器 KM 触点架，测量 L1 与 L2、L2 与 L3、L3 与 L1 两端之间的电阻		
	合上 QF，压下接触器 KM 触点架，测量 L1 与 U、L2 与 V、L3 与 W 两端之间的电阻		
控制回路	未操作任何电器，测量控制电路电源两端 U21—V21 之间的电阻		
	按下 SB1，测控制电路电源两端 U21—V21 之间的电阻		
	压下接触器 KM 触点架，测量控制电路电源两端 U21—V21 之间的电阻		
	压下接触器 KM 触点架并按下 SB2，测量控制电路电源两端 U21—V21 之间的电阻		

6. 故障排除

电动机长动控制电路常见故障现象如表 2-2-3 所示，试将故障分析与处理情况填入表中。

表 2-2-3　电动机长动控制电路常见故障现象分析与处理

操作方法	故障现象	故障分析	故障处理
按下 SB1	电动机点动运行		
按下 SB2	电动机无法停止		

7. 清理现场

实训结束后，按 6S 要求清理现场，收拾工具、仪表，整理实训操作台，清扫实训场地，完成任务评价表。

❖ 任务评价

电动机长动控制电路安装与调试任务评分标准如表 2-2-4 所示，对照评分标准对任务完成情况进行评价打分。

表 2-2-4　电动机长动控制电路安装与调试任务评分标准

任务名称		学生姓名		组别		工位号	
						用时长	
序号	内容	配分		评分标准			扣分
1	安装元器件	10	(1) 不按电器布置图安装，扣 10 分； (2) 元器件安装不牢固，每只扣 2 分； (3) 损坏元器件，每只扣 5 分				
2	布线工艺	20	(1) 不按电气原理图接线，扣 15 分； (2) 布线不进线槽、不美观，扣 10 分； (3) 接点松动、露芯过长、压绝缘层等，每处扣 1 分				
3	通电试车	50	(1) 第一次试车不成功，扣 25 分 (2) 第二次试车不成功，扣 35 分 (3) 第三次试车不成功，扣 50 分				
4	安全文明	10	违反安全文明生产，扣 10 分				
5	清扫清洁	10	(1) 未按规定拆除导线，扣 3 分； (2) 未把工具归置还原，扣 3 分； (3) 未把工作台清理干净，扣 4 分				

❖ 任务拓展

电动机控制电路故障检修的一般步骤和方法如下：

(1) 确认故障现象的发生，并分清本故障是属于电气故障还是机械故障。

(2) 根据电气原理图，认真分析发生故障的可能原因，大概确定故障发生的可能部位或回路。

(3) 通过一定的技术、方法、经验和技巧找出故障点。这是检修工作的难点和重点。由于电气控制电路结构复杂多变，故障形式多种多样，因此要快速、准确地找出故障点，要求操作人员既要学会灵活运用"看"（看是否有明显损坏或其他异常现象）、"听"（听是否有异常声音）、"闻"（闻是否有异味）、"摸"（摸是否发热）、"问"（向有经验的老师傅请教）等检修经验，又要弄懂电路原理，掌握一套正确的检修方法和技巧。

❖ **思考练习题**

一、判断题

接触器自锁触头的作用是保证松开启动按钮后，接触器线圈仍能继续通电。（　　）

二、单选题

1. 接触器的自锁触头是一对（　　）。

A. 常开辅助触头　　　　B. 常闭辅助触头　　　C. 主触头　　　D. 常闭触头

2. 在具有过载保护的接触器自锁控制电路中，实现过载保护的电器是（　　）。

A. 熔断器　　　　　　　B. 热继电器　　　　　C. 接触器　　　D. 电源开关

任务三 电动机多地启停控制电路

❖ **任务目标**

（1）掌握实现电动机多地启停控制的方法。

（2）正确识读电动机多地启停控制电路原理图，会分析工作原理。

（3）能根据电动机多地启停控制原理图，安装调试电路。

（4）能根据故障现象，对电动机多地启停控制电路的简单故障进行排查。

（5）遵守 6S 管理规定，做到安全文明规范操作。

❖ **任务分析**

能在两地或者多地控制同一台电动机的控制方式叫做多地启停控制。

❖ **知识链接**

1. 多地启停控制的方法

多地启停控制电路的启动按钮并联连接，停止按钮串联连接。

2. 电动机两地启停控制电路工作过程

如图 2-3-1 所示，SB1 和 SB2 为甲地的启动和停止按钮；SB3 和 SB4 为乙地的启动和停止按钮。它们可以分别在两个不同地点上控制接触器 KM 的接通和断开，达到两地控制同一电动机启停的目的。

电动机两地启停控制电路工作过程：

（1）电动机启动：合上低压断路器，按下甲地启动按钮 SB2，KM 线圈得电，KM 主触点闭合，电动机 M 全压启动运行，KM 辅助常开触点闭合，形成自锁，松开 SB2，由于自锁，电动机 M 保持全压运行。按下乙地启动按钮 SB4，KM 线圈得电，KM 主触点闭合，

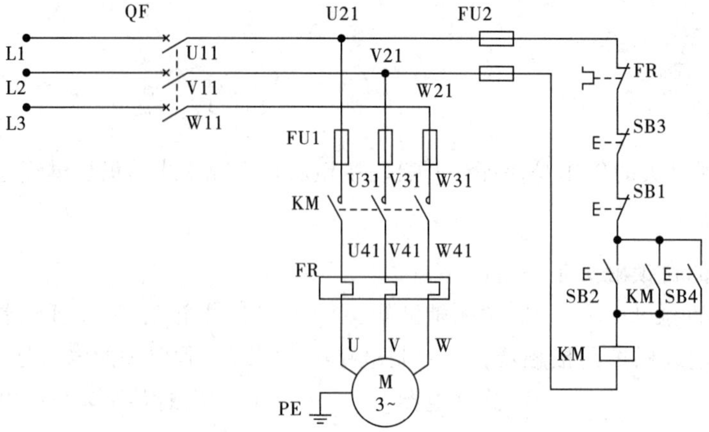

图 2 - 3 - 1　电动机两地启停控制电路

电动机 M 全压启动运行，KM 辅助常开触点闭合，形成自锁，松开 SB4，由于自锁，电动机 M 保持全压运行。

（2）电动机停止：按下甲地停止按钮 SB1，KM 线圈失电，KM 主触点分断，电动机 M 断电停止，KM 辅助常开触点复位。按下乙地停止按钮 SB3，KM 线圈失电，KM 主触点分断，电动机 M 断电停止，KM 辅助常开触点复位。

❖ 任务实施

1. 准备工作

按控制要求准备工具、仪表、元器件及辅助材料，填写领料单表 2 - 3 - 1 并领料，检查电器元件外观是否完整，检测元器件各项技术指标是否符合规定要求。

表 2 - 3 - 1　电动机两地启停控制电路领料单

班级		姓名		组别		工位号	
分类	名　称		型　号　与　规　格			单位	数　量
工具							
仪表							
器材							
耗料							

2. 绘制布置图

将网孔板由上至下划分为四个区域，第一个区域安装低压断路器及熔断器，第二个区域安装接触器，第三个区域安装热继电器，第四个区域安装端子排，如图 2-3-2 所示，按钮经端子排与板内元器件连接。

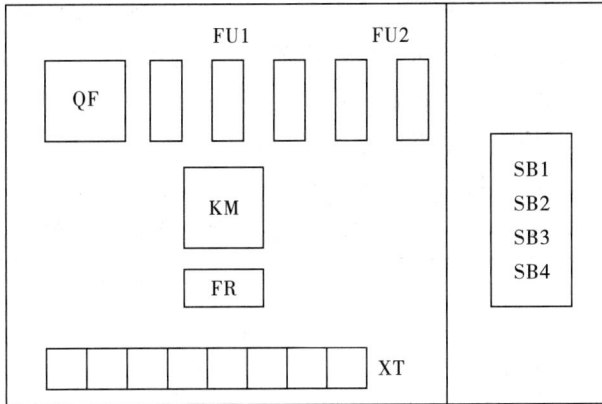

图 2-3-2　电动机两地启停控制电路电器布置

3. 绘制接线图

试着在图 2-3-3 空白处绘制电动机两地启停控制电路的接线图。按照线槽布线工艺要求进行布线，在导线两端套号码管和冷压头。

图 2-3-3　电动机两地启停控制电路接线

4. 按图施工

按照图纸要求，完成电动机两地启停控制电路的安装与调试。布线工艺要求参见本项目的任务一。

5. 通电试车

安装完毕后，经过学生自检和教师检查，无误后接通三相电源，通电试车。

（1）导线连接的正确性检查。按电路图或者接线图从电源端开始，逐段核对接线端子处线号是否正确，有无漏接错接。检查导线接点压接是否牢固，是否有露芯过长现象。

（2）电路的通断情况检查。在断开电源的情况下，选用万用表 R×100 或 R×1k 挡，按检测表 2-3-2 要求，将测量的电阻值填入表中，根据测量值判断是否存在接线错误。

表 2-3-2　电动机两地启停控制电路检测表

检测项目	操 作 方 法	阻值	说　　明
主回路	未操作任何电器，测量 L1 与 U、L2 与 V、L3 与 W 两端之间的电阻		
	合上 QF，压下接触器 KM 触点架，测量 L1 与 U、L2 与 V、L3 与 W 两端之间的电阻		
控制回路	未操作任何电器，测量控制电路电源两端 U21—V21 之间的电阻		
	分别按下 SB2、SB4，测量控制电路电源两端 U21—V21 之间的电阻		
	压下接触器 KM 触点架，测量控制电路电源两端 U21—V21 之间的电阻		
	压下接触器 KM 触点架，分别按下 SB1、SB3，测量控制电路电源两端 U21—V21 之间的电阻		

（3）通电试车。合上低压断路器，依据控制要求，按下启动按钮 SB2 或 SB4，观察电动机 M 是否运行；按下 SB1 或 SB3，观察电动机 M 是否停止。

（4）试车成功后，断开电源，拆除导线，整理工具材料和操作台。

6. 故障排除

电动机两地启停控制电路常见故障现象如表 2-3-3 所示，将故障分析、故障处理情况填入表中。

表 2-3-3　电动机两地启停控制电路常见故障现象分析与处理

操作方法	故障现象	故障分析	故障处理
按下 SB2 或 SB4	电动机点动运行		
按下 SB1 或 SB3	电动机无法停止		
按下 SB2 或 SB4	无法实现两地启动		
按下 SB1 或 SB3	无法实现两地停止		

7. 清理现场

实训结束后，按 6S 要求清理现场，收拾工具、仪表，整理实训操作台，清扫实训场地，完成任务评价表。

❖ **任务评价**

电动机两地启停控制电路安装与调试任务评分标准如表 2-3-4 所示，对照评分标准对任务完成情况进行评价打分。

表 2-3-4　电动机两地启停控制电路安装与调试任务评分标准

任务名称		学生姓名		组别		工位号	
						用时长	
序号	内　容	配分		评　分　标　准			扣 分
1	安装元器件	10	(1) 不按电器布置图安装，扣10分； (2) 元器件安装不牢固，每只扣2分； (3) 损坏元器件，每只扣5分			
2	布线工艺	20	(1) 不按电气原理图接线，扣15分； (2) 布线不进线槽、不美观，扣10分； (3) 接点松动、露芯过长、压绝缘层等，每处扣1分			
3	通电试车	50	(1) 第一次试车不成功，扣25分； (2) 第二次试车不成功，扣35分； (3) 第三次试车不成功，扣50分			
4	安全文明	10	违反安全文明生产，扣10分			
5	清扫清洁	10	(1) 未按规定拆除导线，扣3分； (2) 未把工具归置还原，扣3分； (3) 未把工作台清理干净，扣4分			

❖ **任务拓展**

试设计一个电动机控制电路，使其对电动机既有点动控制，又有长动控制。

❖ **思考练习题**

选择题

1. 能在两地或多地控制同一台电动机的控制方式称为电动机的（　　）。
A. 顺序控制　　　B. 一地控制　　　C. 两地控制　　　D. 多地控制

2. 当采用多地控制时，多地控制的停止按钮应（　　）。
A. 串联　　　B. 并联　　　C. 混联　　　D. 既有串联又有并联

3. 当采用多地控制时，多地控制的启动按钮应（　　）。
A. 串联　　　B. 并联　　　C. 混联　　　D. 既有串联又有并联

项目三

电动机正反转控制电路的安装与调试

【项目概述】

当大家进出学校大门时，门卫师傅可用手里的遥控器或者是桌上的按钮来控制开门或关门。这里，门的自动伸缩实际上就是利用电动机的正反转控制来实现的。其他如机床工作台的前进与后退、主轴的正转与反转、起重机的上升与下降等，这些生产机械均要求电动机能实现正反转控制。

任务一　电动机双重联锁正反转控制电路

❖ 任务目标

（1）正确识读电动机双重联锁正反转控制电路原理图，会分析工作原理。

（2）能根据电动机双重联锁正反转控制电路原理图，安装调试电路。

（3）能根据故障现象，对电动机双重联锁正反转控制电路的简单故障进行排查。

（4）遵守 6S 管理规定，做到安全文明规范操作。

❖ 任务分析

控制一台电动机，要求按下 SB1 时，电动机正转；按下 SB2 时，电动机反转；按下 SB3 时，电动机停止；电动机正转与反转可以自由切换。

❖ 知识链接

1. 主回路实现的电动机正反转控制

如图 3-1-1 所示，在主回路中，合上低压断路器 QF 后，当 KM1 主触头闭合时，三相电源——对应接入电动机，电动机 M 实现正转；当 KM2 主触头闭合时，三相电源改变其中两相电源的相序（如图中 U 与 W 两相）接入电动机，电动机 M 实现反转。

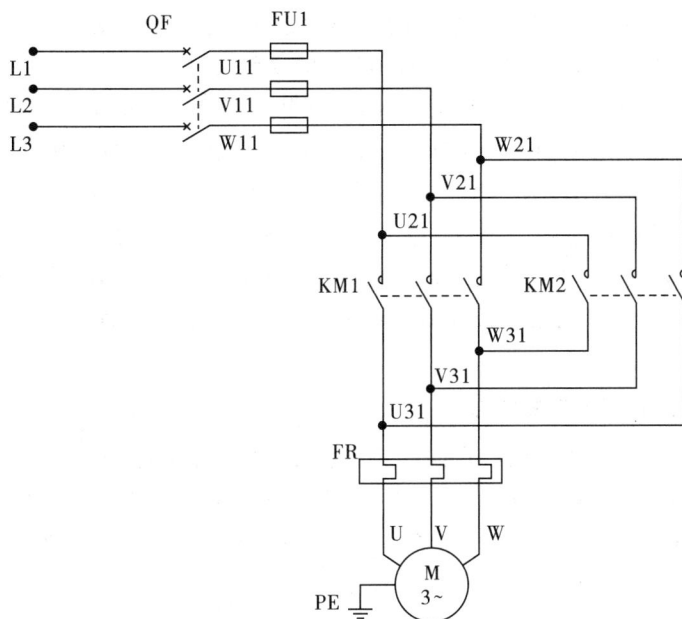

图 3-1-1 主回路实现的电动机正反转控制电路

注意事项：

（1）接触器 KM1、KM2 的主触头不允许同时闭合，否则会造成电源短路、元器件烧毁。

（2）在主回路中，任意改变两相电源的相序，就可实现电动机反转。

2. 电动机接触器联锁正反转控制

如图 3-1-2 所示，主回路特点见知识链接 1，在控制回路中，接触器 KM2 的常闭辅助触头串接在接触器 KM1 的线圈上；接触器 KM1 常闭辅助触头串接在接触器 KM2 的线圈上，形成接触器互锁，又称为电气互锁。接触器互锁的作用是防止电动机正、反转同时发生，造成电源短路、元器件烧毁。

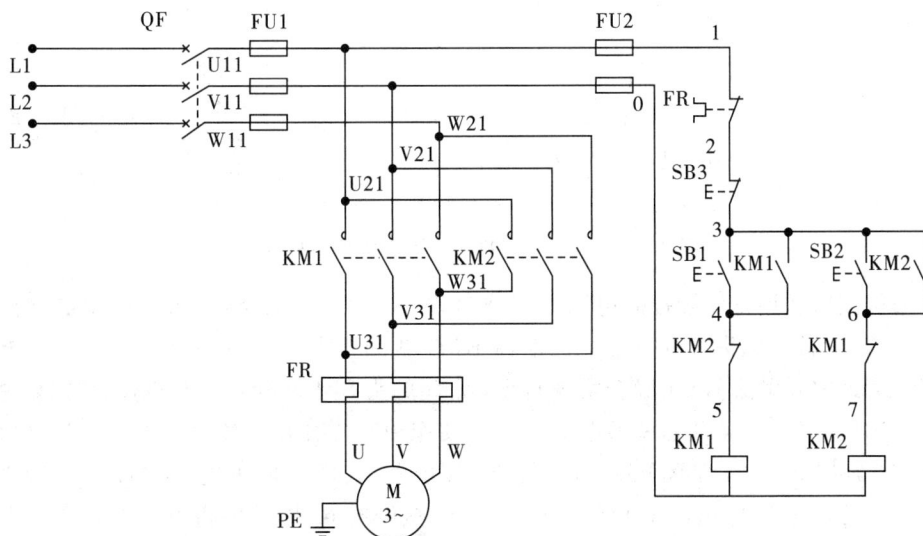

图 3-1-2 电动机接触器联锁正反转控制电路

　　电动机接触器联锁正反转控制电路的工作过程：合上低压断路器 QF，需要电动机正转时，按下 SB1，接触器 KM1 线圈得电，KM1 的主触头闭合，电动机 M 正转，常开辅助触头 KM1 吸合实现自锁，常闭辅助触头 KM1 断开，实现接触器互锁。按下 SB3，接触器 KM1 线圈失电，KM1 的主触头复位断开，电动机 M 停止，常开辅助触头 KM1 复位断开，常闭辅助触头 KM1 复位闭合，电路回到初始状态。需要电动机反转时，按下 SB2，接触器 KM2 线圈得电，KM2 的主触头闭合，电动机 M 反转，常开辅助触头 KM2 吸合实现自锁，常闭辅助触头 KM2 断开，实现接触器互锁。按下 SB3，接触器 KM2 线圈失电，KM2 的主触头复位断开，电动机 M 停止，常开辅助触头 KM2 复位断开，常闭辅助触头 KM2 复位闭合，电路回到初始状态。

3. 电动机按钮联锁正反转控制

　　如图 3-1-3 所示，主回路特点同知识链接 1，在控制回路中，按钮 SB1 和 SB2 采用的是复合联动按钮，常开触头作为启动按钮使用，SB1 的常闭触头与线圈 KM2 串联，SB2 的常闭触头与 KM1 线圈串联，这一联接方式称为按钮联锁。按钮联锁的作用是可以实现电动机正反转直接切换，中间不需要按下停止按钮。

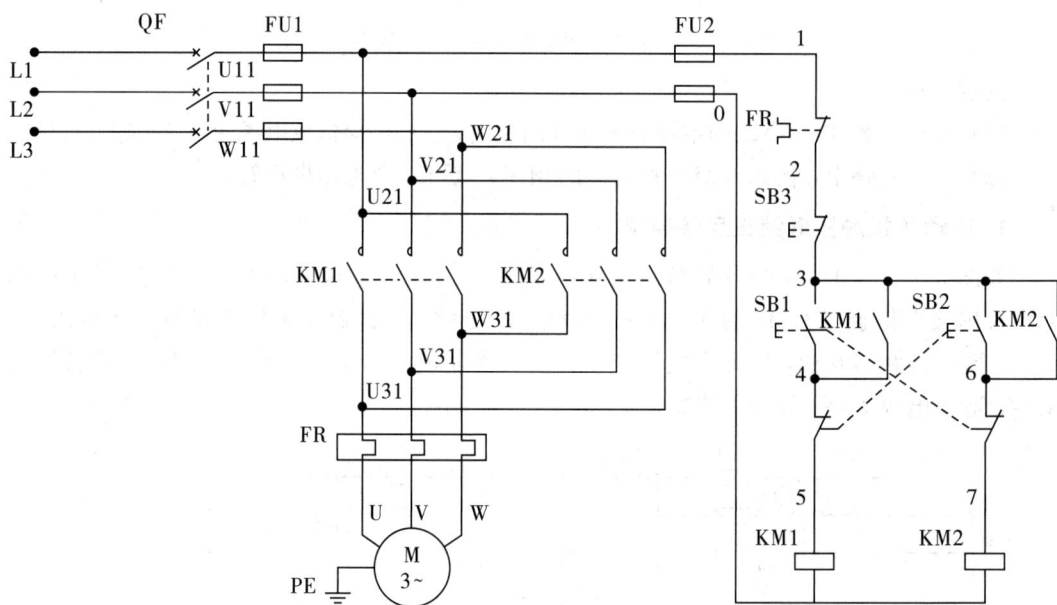

图 3-1-3　电动机按钮联锁正反转控制电路

　　电动机按钮联锁正反转控制电路的工作过程：合上低压断路器 QF，需要电动机正转时，按下 SB1，常开触头 SB1 闭合，接触器 KM1 线圈得电，KM1 的主触头闭合，电动机 M 正转，辅助常开触头 KM1 吸合实现自锁，常闭触头 SB1 断开，防止 KM2 线圈得电。松开 SB1，SB1 的常开与常闭触头复位，由于自锁作用，电动机仍然保持正转。此时想要电动机反转，则按下 SB2，常闭触头 SB2 断开，接触器 KM1 线圈失电，KM1 的主触头复位断开，电动机 M 正转停止，常开触头 SB2 闭合，接触器 KM2 线圈得电，KM2 的主触头闭合，电动机 M 反转，辅助常开触头 KM2 吸合实现自锁。由此可见，按钮联锁可实现电动机正反转直接切换。在需要电动机停止时，按下停止按钮 SB3，电路恢复到初始状态，电动机 M 停止。

4. 电动机双重联锁正反转控制

在如图 3-1-4 所示的控制回路中，既有接触器联锁，又有按钮连锁，形成了电动机双重联锁正反转控制。这种双重保护不但可以防止电动机正反转同时发生，也可以直接切换电动机的正反转。

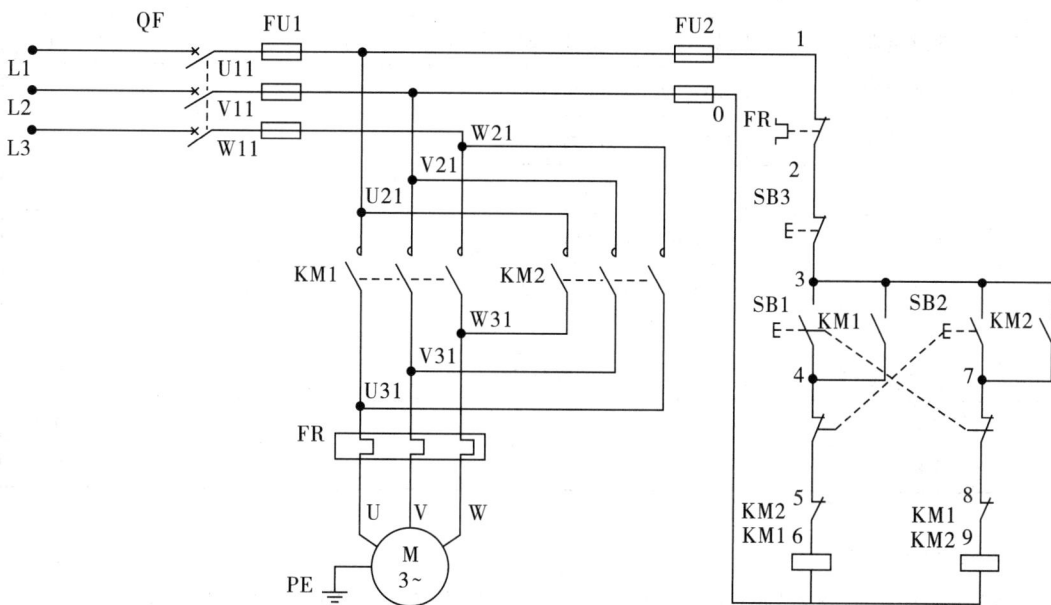

图 3-1-4　电动机双重联锁正反转控制电路

电动机双重联锁正反转控制电路的工作过程：合上低压断路器 QF，需要电动机正转时，按下 SB1，常开触头 SB1 闭合，接触器 KM1 线圈得电，KM1 的主触头闭合，电动机 M 正转，常开辅助触头 KM1 吸合实现自锁，常闭辅助触头 KM1 断开，实现接触器互锁，常闭触头 SB1 断开，防止 KM2 线圈得电。松开 SB1，SB1 的常开与常闭触头复位，由于自锁作用，电动机仍然保持正转。此时想要电动机反转，则按下 SB2，常闭触头 SB2 断开，接触器 KM1 线圈失电，KM1 的主触头和辅助触头复位，电动机 M 正转停止，常开触头 SB2 闭合，接触器 KM2 线圈得电，KM2 的主触头闭合，电动机 M 反转，常开辅助触头 KM2 吸合实现自锁，常闭辅助触头 KM2 断开，实现接触器互锁。在需要电动机停止时，按下停止按钮 SB3，电路恢复到初始状态，电动机 M 停止。

❖ **任务实施**

1. 准备工作

按表 3-1-1 准备工具、仪表、元器件及辅助材料，检查电器元件外观是否完整，检测元器件各项技术指标是否符合规定要求。

表 3 - 1 - 1　　电动机双重联锁正反转控制电路元器件清单表

序号	名　称	型 号 与 规 格	单位	数量
1	三相异步电动机	Y112M—4，4 kW，380 V，8.8 A	台	2
2	低压断路器	DZ47—63，380 V，20 A	只	1
3	交流接触器	CJX2—1210，线圈电压 380 V	只	2
4	熔断器	RT18—32，500 V，熔体 20 A 和 4 A	只	5
5	热继电器	JRS1—09—25/Z(LR2—D13)	只	1
6	控制按钮	LA—18，5 A，红色	只	1
7	控制按钮	LA—18，5 A，绿色	只	2
8	端子排	TB1510，600 V	只	1
9	导轨	35 mm×200 mm		
10	塑料软铜线	BVR1.5 mm²/1 mm²/0.75 mm²，黄色、绿色、红色、蓝色		若干
11	接地保护线	BVR1.5 mm²，黄绿色		若干
12	号码管			若干
13	线槽	20 mm×40 mm		若干

2. 绘制布置图

将网孔板由上至下划分为四个区域，第一个区域安装低压断路器及熔断器，第二个区域安装接触器，第三个区域安装热继电器，第四个区域安装端子排，如图 3-1-5 所示，按钮经端子排与板内元器件连接。

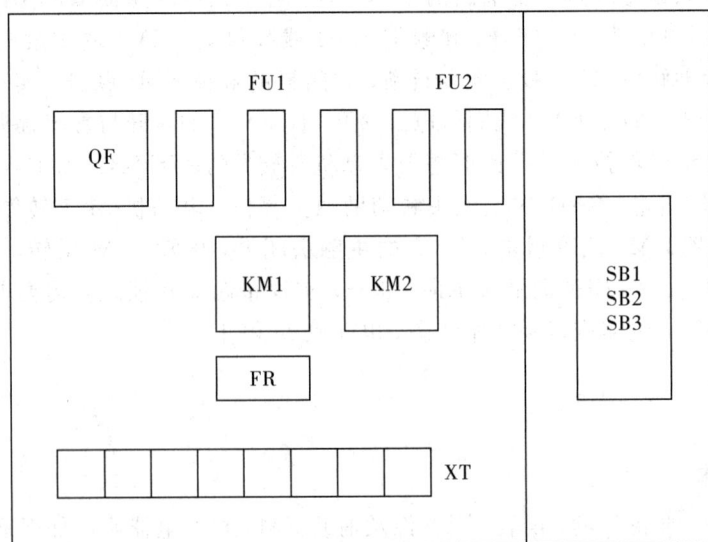

图 3 - 1 - 5　电动机双重联锁正反转控制电路电器布置

3. 绘制接线图

在图 3-1-6 上绘制完整的电动机双重联锁正反转控制电路接线图。按照线槽布线工艺要求进行布线，在导线两端套号码管和冷压头。

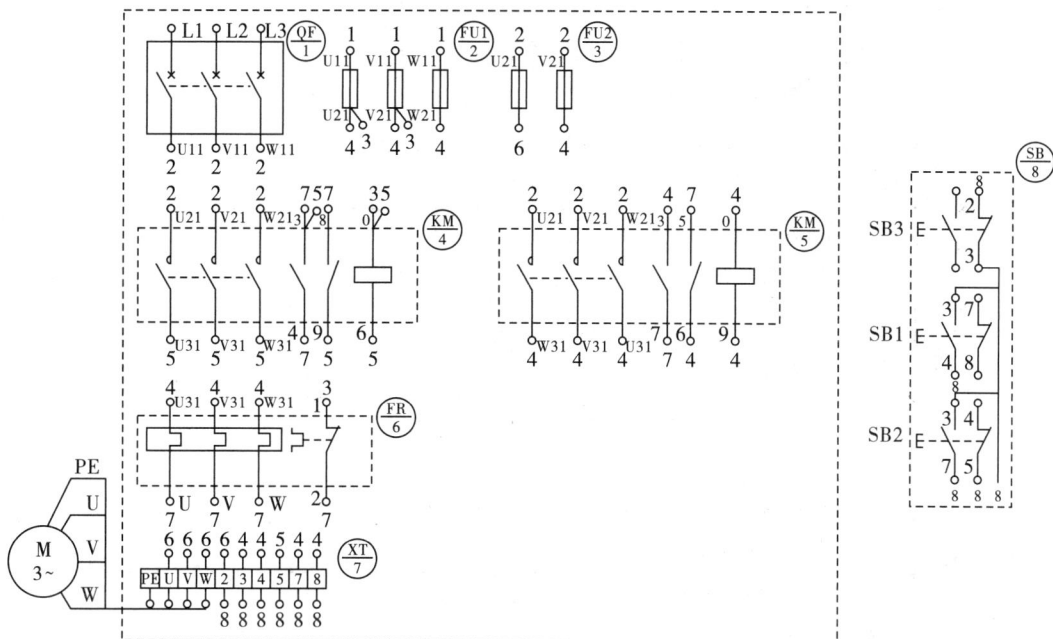

图 3-1-6　电动机双重联锁正反转控制电路接线

4. 按图施工

按照图纸要求，完成电动机双重联锁正反转控制电路安装与调试。

布线工艺要求：

（1）按主回路、控制回路分类集中，单层平行密排，紧贴敷设面。

（2）布线顺序为从上至下，从左到右，先主回路，后控制回路。

（3）布线合理，不能交叉。同一平面上的导线保持高低一致或前后一致。

（4）布线横平竖直、分布均匀、转弯垂直，注意不伤线芯，不伤绝缘层。

（5）在导线与接线端子连接时，要做到不反圈、不压绝缘层、不露芯过长，同一元器件、同一回路导线间距离保持一致。

（6）一个接线端子上的连接导线不能超过两根，一般只允许连接一根。

5. 通电试车

安装完毕后，经过学生自检和教师检查，无误后接通三相电源，通电试车。

（1）导线连接的正确性检查。按电路图或者接线图从电源端开始，逐段核对接线端子处线号是否正确，有无漏接错接。检查导线接点压接是否牢固，是否有露芯过长现象。

（2）电路的通断情况检查。在断开电源的情况下，选用万用表 R×100 或 R×1k 挡，按检测表 3-1-2 要求，将测量的阻值填入表中，根据测量值判断是否存在接线错误。

表 3-1-2　电动机双重联锁正反转控制电路检测表

检测项目	操作方法	阻值	说明
主回路	未操作任何元器件，测量 L1—U、L2—V、L3—W 两端之间的电阻		
	未操作任何元器件，测量 L1—W、L2—V、L3—U 两端之间的电阻		
	压下接触器 KM1 触点架，测量 L1—U、L2—V、L3—W 两端之间的电阻		
	压下接触器 KM1 触点架，测量 L1—W、L2—V、L3—U 两端之间的电阻		
	压下接触器 KM2 触点架，测量 L1—U、L2—V、L3—W 两端之间的电阻		
	压下接触器 KM2 触点架，测量 L1—W、L2—V、L3—U 两端之间的电阻		
控制回路	未操作任何元器件，测量控制电路电源两端 U21—V21 之间的电阻		
	按下 SB1，测量控制电路电源两端 U21—V21 之间的电阻		
	按下 SB2，测量控制电路电源两端 U21—V21 之间的电阻		
	压下接触器 KM1 触点架，测量控制电路电源两端 U21—V21 之间的电阻		
	压下接触器 KM2 触点架，测量控制电路电源两端 U21—V21 之间的电阻		
	压下接触器 KM1 触点架，同时按下 SB3，测量电源两端 U21—V21 之间的电阻		
	压下接触器 KM2 触点架，同时按下 SB3，测量电源两端 U21—V21 之间的电阻		

（3）通电试车。合上低压断路器，依据控制要求，依次交替按下启动按钮 SB1 和 SB2，观察电动机 M 是否交替正转反转运行；按下 SB3，观察电动机 M 是否停止。

（4）试车成功后，断开电源，拆除导线，整理工具材料和操作台。

6. 故障排除

电动机双重联锁正反转控制电路常见故障现象如表 3-1-3 所示，将故障分析与处理情况填入表中。

表 3 - 1 - 3 电动机双重联锁正反转控制电路常见故障现象分析与处理

操作方法	故障现象	故障分析	故障处理
按下 SB1 或 SB2	KM1 或 KM2 触点反复吸合断开		
按下 SB1 或 SB2	电动机只正转或只反转		

7. 清理现场

实训结束后,按 6S 要求清理现场,收拾工具、仪表,整理实训操作台,清扫实训场地,完成任务评价表。

❖ **任务评价**

电动机双重联锁正反转控制电路安装与调试任务评分标准如表 3 - 1 - 4 所示,对照评分标准对任务完成情况进行评价打分。

表 3 - 1 - 4 电动机双重联锁正反转控制电路安装与调试任务评分标准

任务名称		学生姓名		组别		工位号	
						用时长	
序号	内容	配分	评分标准				扣分
1	安装元器件	10	(1) 不按电器布置图安装,扣 10 分; (2) 元器件安装不牢固,每只扣 2 分; (3) 损坏元器件,每只扣 5 分				
2	布线工艺	20	(1) 不按电气原理图接线,扣 15 分; (2) 布线不进线槽、不美观,扣 10 分; (3) 接点松动、露芯过长、压绝缘层等,每处扣 1 分				
3	通电试车	50	(1) 第一次试车不成功,扣 25 分; (2) 第二次试车不成功,扣 35 分; (3) 第三次试车不成功,扣 50 分				
4	安全文明	10	违反安全文明生产,扣 10 分				
5	清扫清洁	10	(1) 未按规定拆除导线,扣 3 分; (2) 未把工具归置还原,扣 3 分; (3) 未把工作台清理干净,扣 4 分				

❖ **任务拓展**

试设计一个电路,利用时间继电器实现电动机的自动正反转控制。

❖ 思考练习题

一、判断题

在接触器联锁的正反转控制电路中，正、反转接触器有时可以同时闭合。（　　）

二、单选题

1. 三相异步电动机的正反转控制关键是改变（　　）。

A. 电源电压　　　　B. 电源相序　　　　C. 电源电流　　　　D. 负载大小

2. 要使三相异步电动机反转，只要（　　）就能完成。

A. 降低电压　　　　　　　　　B. 降低电流

C. 将任意两根电源线对调　　　　D. 降低电路功率

任务二　工作台自动往返控制电路

❖ 任务目标

（1）正确识读工作台自动往返控制电路原理图，会分析工作原理。

（2）能根据工作台自动往返控制电路理图，安装调试电路。

（3）能根据故障现象，对工作台自动往返控制电路的简单故障进行排查。

（4）遵守 6S 管理规定，做到安全文明规范操作。

❖ 任务分析

如图 3-2-1 所示，机械设备中如组合机床、铣床的工作台、高炉的加料设备等都需要在一定距离内自动往返，以使工件能连续加工。

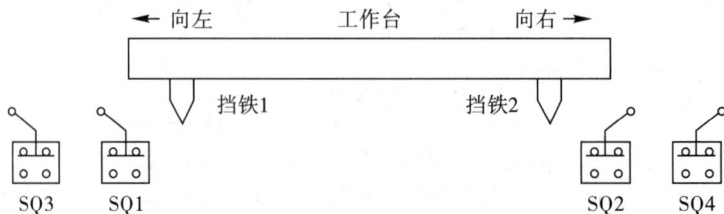

图 3-2-1　工作台自动往返控制电路工作示意图

❖ 知识链接

工作台自动往返控制电路

在生产中，一些生产机械设备的行程或位置需要设置限位保护，例如，在摇臂钻床、万能铣床、镗床、桥式起重机及各种自动半自动控制的机床中都需要这种控制要求。位置控制又称为行程控制或限位控制，是利用生产机械运动部件上的挡铁与行程开关碰撞，使其触点动作，以接通或断开电路。实现这种控制要求的主要电器是行程开关。要完成该任务，首先要学习低压断路器、行程开关这两个重要的低压电器，能识别它们的结构特征、记住它们的文字符号和图形符号，熟悉其动作原理和常用型号，能分析位置控制电路的原理图，在明确板前槽板配线的工艺要求的基础上，对电路进行安装与调试。

工作台自动往返控制电路图如图 3-2-2 所示，其工作过程分析如下：合上低压断路器 QF，在需要电动机正转时，按下 SB1，接触器 KM1 线圈得电，KM1 的主触头闭合，电动机 M 正转，带动工作台左行，常开辅助触头 KM1 吸合实现自锁，常闭辅助触头 KM1 断开，实现接触器互锁。如图 3-2-1 所示，当挡铁 1 碰到行程开关 SQ1 时，SQ1 常闭触点断开，KM1 线圈失电，KM1 主触点断开，电动机 M 正转停止，KM1 自锁触点复位断开，KM1 常闭辅助触点复位闭合，同时 SQ1 常开触点闭合，KM2 线圈得电，主触点 KM2 闭合，电动机 M 反转，带动工作台右行，KM2 常开辅助触点闭合形成自锁，KM2 常闭辅助触点断开，形成接触器互锁，此时由于工作台右行，挡铁 1 离开 SQ1，SQ1 恢复到初始状态。当工作台右行到挡铁 2 碰到 SQ2 时，行程开关 SQ2 触点动作，分析过程与正转时一样。当行程开关 SQ1、SQ2 没有实现它的控制目的时，工作台会继续左行或右行，这时挡铁会碰到 SQ3 或 SQ4，电动机直接停止，所以 SQ3、SQ4 起到极限位置保护的作用。想要工作台停止，按下停止按钮 SB3 即可。

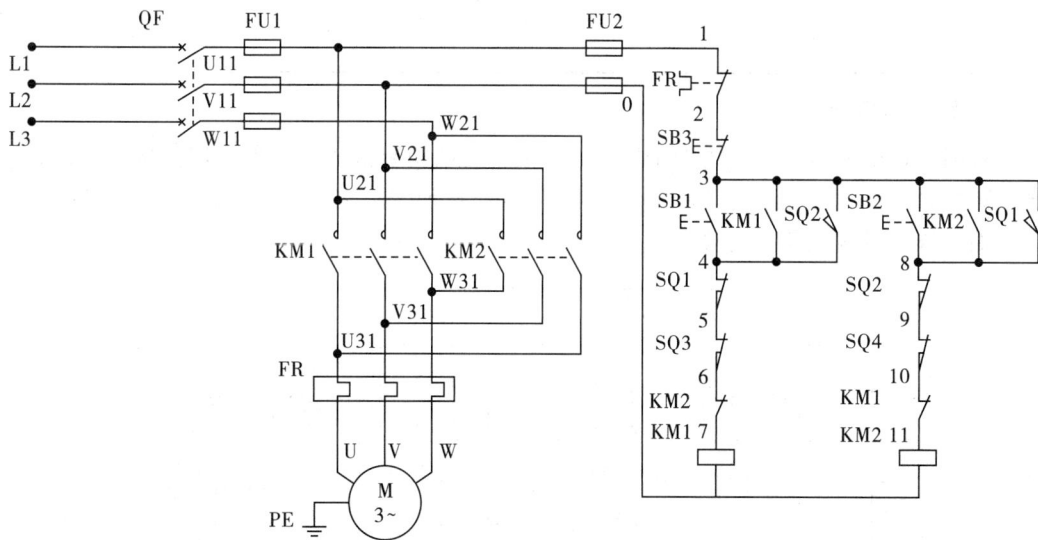

图 3-2-2　工作台自动往返控制电路

❖ **任务实施**

1. 准备工作

按控制要求准备工具、仪表、元器件及辅助材料，填写领料单表 3-2-1 并领料，检查电器元件外观是否完整，检测元器件各项技术指标是否符合规定要求。

表 3-2-1　工作台自动往返控制电路元器件领料单

班级		姓名		组别		工位号	
分类	名　称		型 号 与 规 格			单位	数量
工具							
仪表							
器材							
耗料							

2. 绘制布置图

将网孔板由上至下划分为四个区域,第一个区域安装低压断路器及熔断器,第二个区域安装接触器,第三个区域安装热继电器,第四个区域安装端子排,如图 3-2-3 所示,按钮经端子排与板内元器件连接。

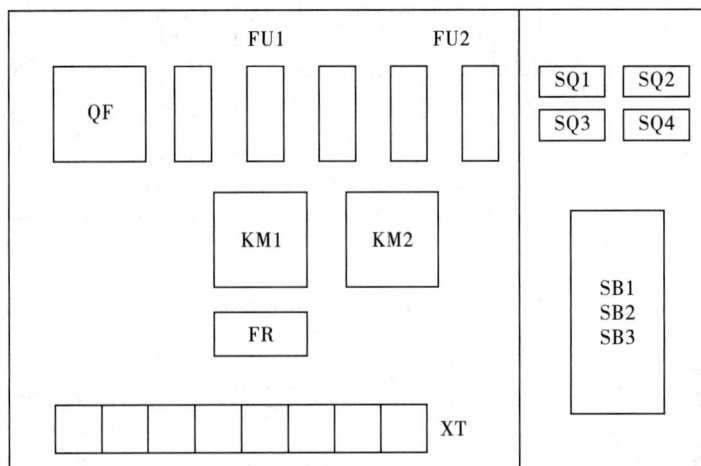

图 3-2-3　工作台自动往返控制电路电器布置

3. 绘制接线图

在图 3-2-4 空白处绘制完整的工作台自动往返控制电路接线图。按照线槽布线工艺要求进行布线，在导线两端套号码管和冷压头。

图 3-2-4　工作台自动往返控制电路接线

4. 按图施工

按照图纸要求，完成工作台自动往返控制电路安装与调试。布线工艺要求参见本项目任务一。

5. 通电试车

安装完毕后，经过学生自检和教师检查，无误后接通三相电源，通电试车。

（1）导线连接的正确性检查。按电路图或者接线图从电源端开始，逐段核对接线端子处线号是否正确，有无漏接错接。检查导线接点压接是否牢固，是否有露芯过长现象。

（2）电路的通断情况检查。在断开电源的情况下，选用万用表 R×100 或 R×1k 量程，按检测表 3-2-2 要求，将测量的电阻值填入表中，根据测量值判断是否存在接线错误。

（3）通电试车。合上低压断路器，观察电动机是否依如下控制要求动作：当按下启动按钮 SB1 时，电动机 M 正转运行，当按下启动按钮 SB2 时，电动机 M 反转运行。在电动机 M 正转运行时触碰到行程开关 SQ1，则电动机 M 切换到反转运行；若触碰到限位开关 SQ3，则电动机 M 停止运行。同样，在电动机 M 反转运行时触碰到行程开关 SQ2，则电动机 M 切换到正转运行；若触碰到限位开关 SQ4，则电动机 M 停止运行。无论电动机 M 是正转运行还是反转运行，只要按下停止按钮 SB3，电动机 M 停止运行。

（4）试车成功后，断开电源，拆除导线，整理工具材料和操作台。

表 3－2－2　工作台自动往返控制电路检测表

检测项目	操作方法	阻值	说明
主回路	未操作任何元器件，测量 L1—U、L2—V、L3—W 两端之间的电阻		
	未操作任何元器件，测量 L1—W、L2—V、L3—U 两端之间的电阻		
	压下接触器 KM1 触点架，测量 L1—U、L2—V、L3—W 两端之间的电阻		
	压下接触器 KM1 触点架，测量 L1—W、L2—V、L3—U 两端之间的电阻		
	压下接触器 KM2 触点架，测量 L1—U、L2—V、L3—W 两端之间的电阻		
	压下接触器 KM2 触点架，测量 L1—W、L2—V、L3—U 两端之间的电阻		
控制回路	未操作任何电器，测量控制电路电源两端 U21—V21 之间的电阻		
	按下 SB1，测量控制电路电源两端 U21—V21 之间的电阻		
	按下 SB2，测量控制电路电源两端 U21—V21 之间的电阻		
	压下接触器 KM1 触点架，测量控制电路电源两端 U21—V21 之间的电阻		
	压下接触器 KM2 触点架，测量控制电路电源两端 U21—V21 之间的电阻		
	按下 SQ1，测量控制电路电源两端 U21—V21 之间的电阻		
	按下 SQ2，测量控制电路电源两端 U21—V21 之间的电阻		
	压下接触器 KM1 触点架，并按下 SB3，测量控制电路电源两端 U21—V21 之间的电阻		
	压下接触器 KM1 触点架，并按下 SQ3，测量控制电路电源两端 U21—V21 之间的电阻		
	压下接触器 KM2 触点架，并按下 SB3，测量控制电路电源两端 U21—V21 之间的电阻		
	压下接触器 KM2 触点架，并按下 SQ4，测量控制电路电源两端 U21—V21 之间的电阻		

6. 故障排除

工作台自动往返控制电路主要故障和前面的双重互锁控制电路相似，只是多了行程开关，试将故障分析与处理填入表 3－2－3 中。

表 3－2－3　工作台自动往返控制电路常见故障现象分析与处理

操作方法	故障现象	故障分析	故障处理
按下 SB1 或 SB2	KM1 或 KM2 触点反复吸合断开		
按下 SB1 或 SB2	电动机只正转或只反转		
按下行程开关 SQ1 或 SQ2	电动机停止，没有反转或正转		

7. 清理现场

实训结束后，按 6S 要求清理现场，收拾工具、仪表，整理实训操作台，清扫实训场地，完成任务评价表。

❖ **任务评价**

工作台自动往返控制电路安装与调试任务评分标准如表 3－2－4 所示，对照评分标准对任务完成情况进行评价打分。

表 3－2－4　工作台自动往返控制电路安装与调试任务评分标准

任务名称		学生姓名		组别		工位号	
						用时长	
序号	内 容	配分	评 分 标 准			扣 分	
1	安装元器件	10	(1) 不按电器布置图安装，扣 10 分； (2) 元器件安装不牢固，每只扣 2 分； (3) 损坏元器件，每只扣 5 分				
2	布线工艺	20	(1) 不按电气原理图接线，扣 15 分； (2) 布线不进线槽、不美观，扣 10 分； (3) 接点松动、露芯过长、压绝缘层等，每处扣 1 分				
3	通电试车	50	(1) 第一次试车不成功，扣 25 分； (2) 第二次试车不成功，扣 35 分； (3) 第三次试车不成功，扣 50 分				
4	安全文明	10	违反安全文明生产，扣 10 分				
5	清扫清洁	10	(1) 未按规定拆除导线，扣 3 分； (2) 未把工具归置还原，扣 3 分； (3) 未把工作台清理干净，扣 4 分				

❖ **任务拓展**

对板前线槽配线的具体工艺要求：

（1）在布线时严禁损伤线芯和导线绝缘。

（2）各电器元件接线端子引出导线的走向以元件的水平中心线为界线，在水平中心线以上接线端子引出的导线，必须进入元件上面的走线槽；在水平中心线以下接线端子引出的导线，必须进入元件下面的走线槽。不允许任何导线从水平方向进入走线槽内。

（3）各电器元件接线端子上引出或引入的导线，除间距很小和元件机械强度很差允许直接架空敷设外，其他导线必须经过走线槽进行连接。

（4）进入走线槽内的导线要完全置于走线槽内，并应尽可能避免交叉，槽内装线不要超过其容量的 70%，以便能盖上线槽盖，便于以后的装配及维修。

（5）各电器元件与走线槽之间的外露导线应走线合理，并尽可能做到横平竖直，变换走向要垂直。同一个元件上位置一致的端子和同型号电器元件中位置一致的端子上引出或引入的导线要敷设在同一平面上，并应做到高低一致或前后一致，不得交叉。

（6）所有接线端子、导线线头上都应套有与线路图上相应接点线号一致的号码管，并按线号进行连接，连接必须牢靠，不得松动。

（7）在任何情况下，接线端子必须与导线截面积和材料性质相适应。当接线端子不适合连接软线或较小截面积的软线时，可以在导线端头穿上针形或叉形轧头并压紧。

（8）一般一个接线端子只能连接一根导线，如果采用专门设计的端子，可以连接两根或多根导线，但导线的连接方式必须是公认的、在工艺上成熟的方式，如夹紧、压接、焊接、绕接等，并应严格按照连接工艺的工序要求进行。

❖ **思考练习题**

一、判断题

1. 接近开关除了用于限位保护和行程控制外，还可用于检测物体的存在、高速计数、测速、液位控制、定位、变换运动方向、检测零件尺寸及用作无触头按钮等。　　　（　　）

2. 行程开关是一种将电信号转换为机械信号，控制运动部件的位置和行程的手动电器。　　　　　　　　　　　　　　　　　　　　　　　　　　　　　　　　　（　　）

二、选择题

自动往返控制电路属于（　　）电路。

A. 正反转控制　　　　B. 点动控制　　　　C. 自锁控制　　　　D. 顺序控制

项目四

电动机顺序启停控制电路的安装与调试

【项目概述】

在一些行业的生产中，有的生产机械上装有多台电动机，各电动机起着不同的作用。为满足生产工艺要求，保证操作过程合理，确保安全生产，需要按一定的顺序启动或停止电动机，如车床冷却泵的使用。当主轴电动机启动后，冷却泵电动机方可选择是否启动；而当主轴电动机停止时，冷却泵电动机也应停止，实现这一控制功能的电路就是顺序启停控制电路。

任务一　电动机顺启同停控制电路

❖ 任务目标

（1）正确识读两台电动机顺启同停控制电路的原理图，并会分析工作原理。

（2）能根据两台电动机顺启同停控制电路原理图，安装调试电路。

（3）能根据故障现象，对两台电动机顺启同停控制电路的简单故障进行排查。

（4）遵守 6S 管理规定，做到安全文明规范操作。

❖ 任务分析

两台电动机 M1、M2，当按下启动按钮 SB1 时，电动机 M1 启动并连续运转；当按下启动按钮 SB2 时，M2 启动并连续运转；当按下停止按钮 SB3 时，电动机 M1、M2 同时停止运转。

❖ 知识链接

1. 主回路实现的顺启同停控制

如图 4-1-1 所示，在主回路中，接触器 KM2 的三副主触头串接在接触器 KM1 主触头下方，当 KM1 主触头闭合，电动机 M1 启动运转后，接触器 KM2 才能够通过闭合的 KM1 主触头为电动机 M2 提供通电回路，满足电动机 M1、M2 顺序启动的要求。

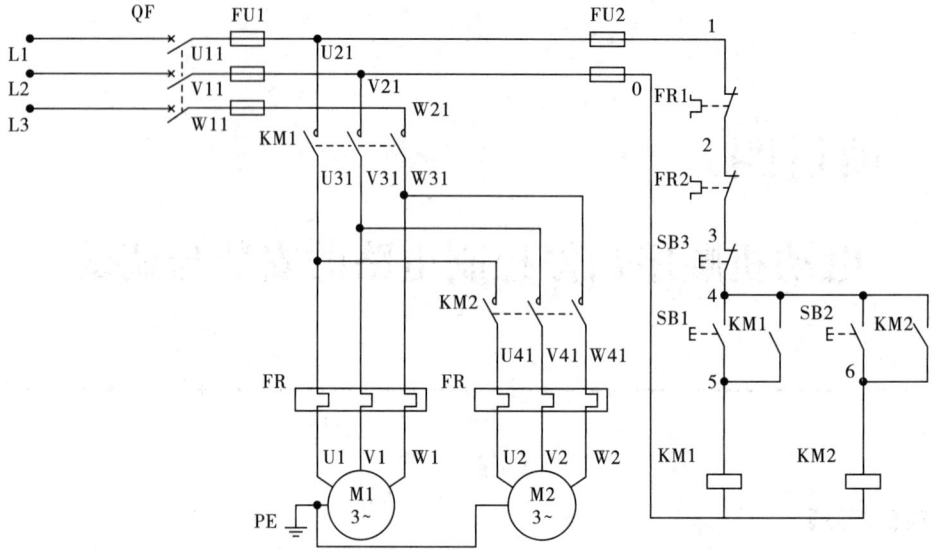

图 4-1-1　主回路实现的顺启同停控制电路

　　主回路实现的顺启同停控制电路的工作过程：合上低压断路器 QF，按下 SB1，接触器 KM1 线圈得电，KM1 的主触头闭合，辅助触头 KM1 吸合实现自锁，电动机 M1 得电连续运转；按下 SB2，接触器 KM2 线圈得电，KM2 的主触头闭合，辅助触头 KM2 吸合实现自锁，电动机 M2 得电连续运转；按下停止按钮 SB3，接触器 KM1、KM2 线圈同时失电，主触头断开，M1、M2 同时停止，实现顺启同停的控制功能。

2. 控制回路实现的顺启同停控制

　　如图 4-1-2 所示，在控制回路中，接触器 KM1 的常开辅助触头串接在电动机 M2 的启动控制支路上，电动机 M1 启动运转后，接触器 KM2 才能够通过闭合的 KM1 辅助触头接通电动机 M2 的控制回路，满足电动机 M1、M2 顺序启动的要求。

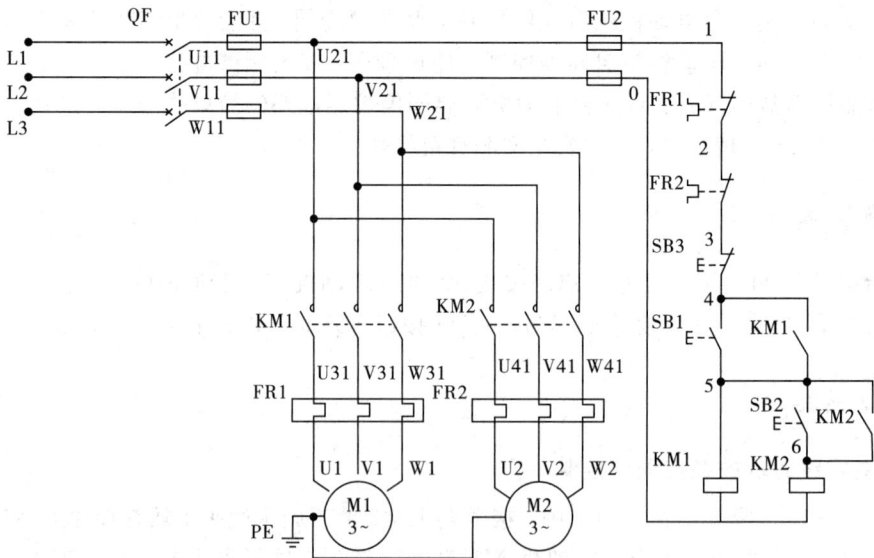

图 4-1-2　控制回路实现的电动机顺启同停控制电路

控制回路实现的顺启同停控制电路的工作过程：合上低压断路器 QF，按下 SB1，接触器 KM1 线圈得电，KM1 的主触头闭合，辅助触头 KM1 吸合实现自锁，电动机 M1 得电连续运转；按下 SB2，接触器 KM2 线圈通过闭合的 KM1 辅助触头得电，KM2 的主触头闭合，辅助触头 KM2 吸合实现自锁，电动机 M2 得电连续运转。按下停止按钮 SB3，接触器 KM1、KM2 线圈同时失电，主触头断开，M1、M2 同时停止，实现顺启同停的控制功能。

❖ **任务实施**

1. 准备工作

按表 4-1-1 准备工具、仪表、元器件及辅助材料，检查电器元件外观是否完整，检测元器件各项技术指标是否符合规定要求。

表 4-1-1　电动机顺启同停控制电路元器件清单

序号	名　称	型 号 与 规 格	单位	数量
1	三相异步电动机	Y112M—4, 4 kW, 380 V, 8.8 A	台	2
2	低压断路器	DZ47—63, 380 V, 20 A	只	1
3	交流接触器	CJX2—1210, 线圈电压 380 V	只	2
4	熔断器	RT18—32, 500 V, 熔体 20 A 和 4 A	只	5
5	热继电器	JRS1—09—25/Z(LR2—D13)	只	1
6	控制按钮	LA—18, 5 A, 红色	只	1
7	控制按钮	LA—18, 5 A, 绿色	只	2
8	端子排	TB1510, 600 V	只	1
9	导轨	35 mm×200 mm		
10	塑料软铜线	BVR1.5 mm²/1 mm²/0.75 mm², 黄色、绿色、红色、蓝色		若干
11	接地保护线	BVR 1.5 mm², 黄绿色		若干
12	号码管			若干
13	冷压头			若干
14	线槽	20 mm×40 mm		若干

2. 绘制布置图

将网孔板由上至下划分为四个区域，第一个区域安装低压断路器及熔断器，第二个区域安装接触器，第三个区域安装热继电器，第四个区域安装端子排，如图 4-1-3 所示，按钮经端子排与板内元器件连接。

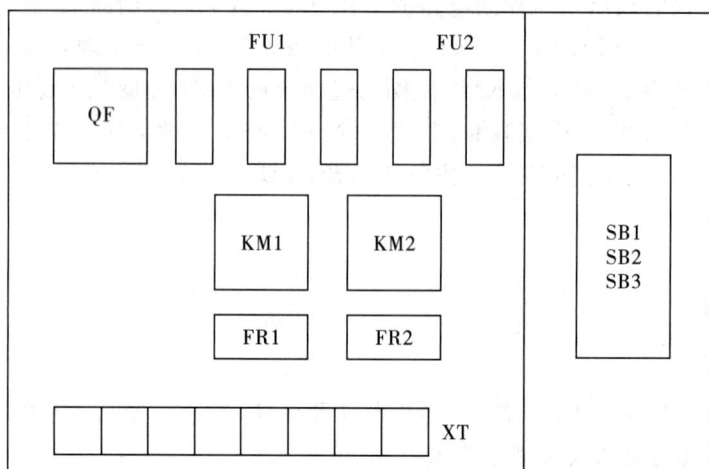

图 4-1-3 电动机顺启同停控制电路电器布置

3. 绘制接线图

在图 4-1-4 上绘制完整的控制回路实现的电动机顺启同停控制电路接线图。按照线槽布线工艺要求进行布线，在导线两端套号码管和冷压头。

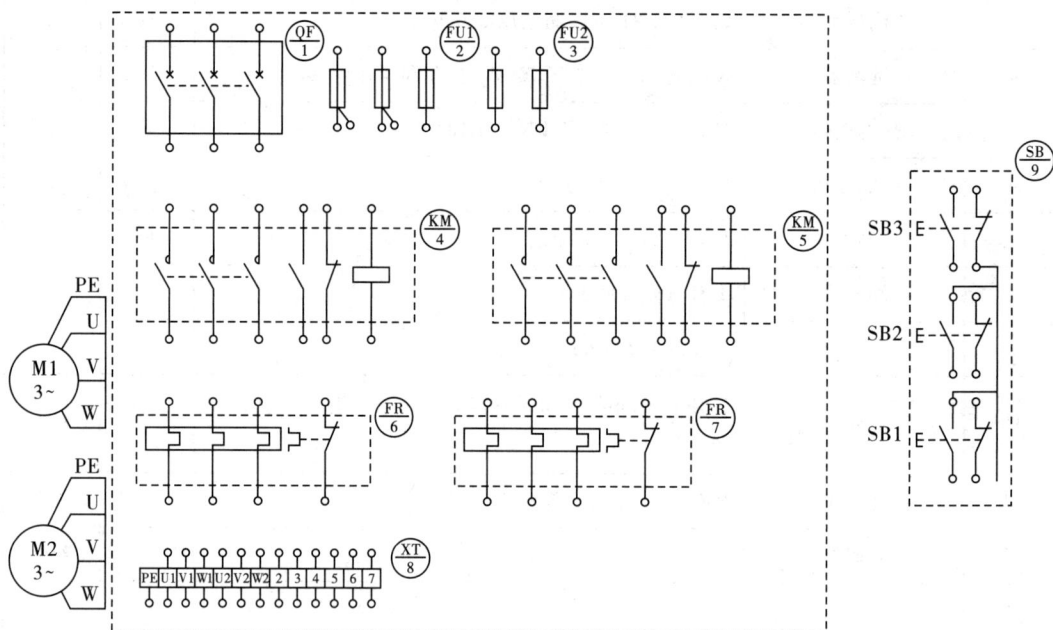

图 4-1-4 控制回路实现的电动机顺启同停控制电路接线

4. 按图施工

按照图纸要求，完成电动机顺启同停控制电路安装与调试。

布线工艺要求：

（1）按主回路、控制回路分类集中，单层平行密排，紧贴敷设面。

（2）布线顺序为从上至下、从左到右、先主回路、后控制回路。

（3）布线合理，不能交叉。同一平面上的导线应保持高低一致或前后一致。

（4）布线横平竖直、分布均匀、转弯垂直，注意不伤线芯，不伤绝缘层。

（5）在导线与接线端子连接时，要做到不反圈、不压绝缘层、不露芯过长，同一元器件、同一回路导线间距离保持一致。

（6）一个接线端子上的连接导线不能超过两根，一般只允许连接一根。

5. 通电试车

安装完毕后，经过学生自检和教师检查，无误后接通三相电源，通电试车。

（1）导线连接的正确性检查。按电路图或者接线图从电源端开始，逐段核对接线端子处线号是否正确，有无漏接错接。检查导线接点压接是否牢固，是否有露芯过长现象。

（2）电路的通断情况检查。在断开电源的情况下，选用万用表 R×100 或 R×1k 挡，按检测表 4-1-2 要求，将测量的电阻值填入表中，根据测量值判断是否存在接线错误。

表 4-1-2 电动机顺启同停控制电路检测表

检测项目	操作方法	阻值	说明
主回路	未操作任何电器，测 L1—U1、L2—V1、L3—W1、L1—U2、L2—V2、L3—W2 之间的电阻		
	压下 KM1 触点架，测量 L1—U1、L2—V1、L3—W1 之间的电阻		
	压下 KM2 触点架，测量 L1—U2、L2—V2、L3—W2 之间的电阻		
控制回路	未操作任何电器，测控制电路电源两端 U21—V21 之间的电阻		
	按下 SB1，测量控制电路电源两端 U21—V21 之间的电阻		
	按下 SB1 和 SB2，测量控制电路电源两端 U21—V21 之间的电阻		
	压下 KM1，再按下 SB2，测量控制电路电源两端 U21—V21 之间的电阻		
	压下 KM1、KM2，测量控制电路电源两端 U21—V21 之间的电阻		
	压下 KM1、KM2，按下 SB3，测量控制电路电源两端 U21—V21 之间的电阻		

（3）通电试车。依据控制要求，依次按下启动按钮 SB1、SB2，观察电动机 M1、M2 是否依次启动；按下 SB3，观察电动机 M1、M2 是否同时停止。

操作并记录：合上低压断路器，按下 SB1，电动机 M1、M2 的工作状态为（   ），接触器 KM1、KM2 的状态为（   ）；按下 SB2，电动机 M1、M2 的工作状态为（   ），接触器 KM1、KM2 的状态为（   ）；按下停止按钮 SB3，电动机

M1、M2 的工作状态为（　　　　　　），接触器 KM1、KM2 的状态为（　　　　　　）。

（4）试车成功后，断开电源，拆除导线，整理工具材料和操作台。

6. 故障排除

电动机顺启同停控制电路的故障主要是两台电动机没有依照控制功能要求的先后顺序进行启动，其故障现象如表 4-1-3 所示，将故障分析及处理办法填入表中。

表 4-1-3　电动机顺启同停控制电路常见故障现象分析与处理

操作方法	故障现象	故障分析	故障处理
按下 SB1	M1、M2 同时启动		
按下 SB2	M2 启动		
先按 SB1 再按 SB2	M1 启动 M2 没有启动		

7. 清理现场

实训结束后，按 6S 要求清理现场，收拾工具、仪表，整理实训操作台，清扫实训场地，完成任务评价表。

❖ **任务评价**

电动机顺启同停控制电路安装与调试任务评分标准如表 4-1-4 所示，对照评分标准对任务完成情况进行评价打分。

表 4-1-4　电动机顺启同停控制电路安装与调试任务评分标准

任务名称		学生姓名		组别		工位号	
						用时长	
序号	内容	配分	评分标准			扣分	
1	安装元器件	10	（1）不按电器布置图安装，扣10分； （2）元器件安装不牢固，每只扣2分； （3）损坏元器件，每只扣5分				
2	布线工艺	20	（1）不按电气原理图接线，扣15分； （2）布线不进线槽、不美观，扣10分； （3）接点松动、露芯过长、压绝缘层等，每处扣1分				
3	通电试车	50	（1）第一次试车不成功，扣25分； （2）第二次试车不成功，扣35分； （3）第三次试车不成功，扣50分				
4	安全文明	10	违反安全文明生产，扣10分				
5	清扫清洁	10	（1）未按规定拆除导线，扣3分； （2）未把工具归置还原，扣3分； （3）未把工作台清理干净，扣4分				

❖ **任务拓展**

　　试设计电路，完成空调设备中风机与压缩机的工作要求：先开风机，再开压缩机；压缩机可以自由停转；风机停止工作时，压缩机随即自动停车。画出电路图并安装调试。

❖ **思考练习题**

选择题

1. 要求几台电动机的启停必须按一定的先后顺序来完成的控制方式，称为电动机的（　　）。
A. 顺序控制　　　　B. 异地控制　　　　C. 多地控制　　　　D. 自锁控制
2. 顺序控制可以通过（　　）来实现。
A. 主回路　　　　B. 辅助回路　　　　C. 控制回路　　　　D. 主回路和控制回路

任务二　电动机同启顺停控制电路

❖ **任务目标**

（1）正确识读两台电动机同启顺停控制电路的原理图，并会分析工作原理。
（2）能根据两台电动机同启顺停控制电路原理图安装调试电路。
（3）能根据故障现象对两台电动机同启顺停控制电路的简单故障进行排查。
（4）遵守 6S 管理规定，做到安全文明规范操作。

❖ **任务分析**

　　本任务中，按下启动按钮 SB1，主轴电动机 M1 和油泵电动机 M2 同时启动并连续运转；按下停止按钮 SB2，主轴电动机 M1 停止运转；再按下停止按钮 SB3，油泵电动机 M2 才停止运转。

❖ **知识链接**

　　如图 4-2-1 所示，在控制回路中，接触器 KM1 的常开辅助触头并联在第二台电动机 M2 的停止按钮 SB3 两端，当电动机 M1 停止运转后，按下停止按钮 SB3，才能够断开 KM2 线圈的供电回路，电动机 M2 停止运转，满足电动机 M1、M2 顺序停止的要求。

　　电动机同启顺停控制电路的工作过程：合上低压断路器 QF，按下启动按钮 SB1，接触器 KM1、KM2 线圈同时得电，KM1、KM2 的主触头闭合，辅助触头 KM1、KM2 吸合实现自锁，电动机 M1、M2 得电连续运转。按下停止按钮 SB2，接触器 KM1 线圈失电，主触头、辅助触头断开，电动机 M1 停止运转；再按下停止按钮 SB3，接触器 KM2 线圈失电，主触头、辅助触头断开，电动机 M2 停止运转，实现同启顺停的控制功能。当需要紧急停

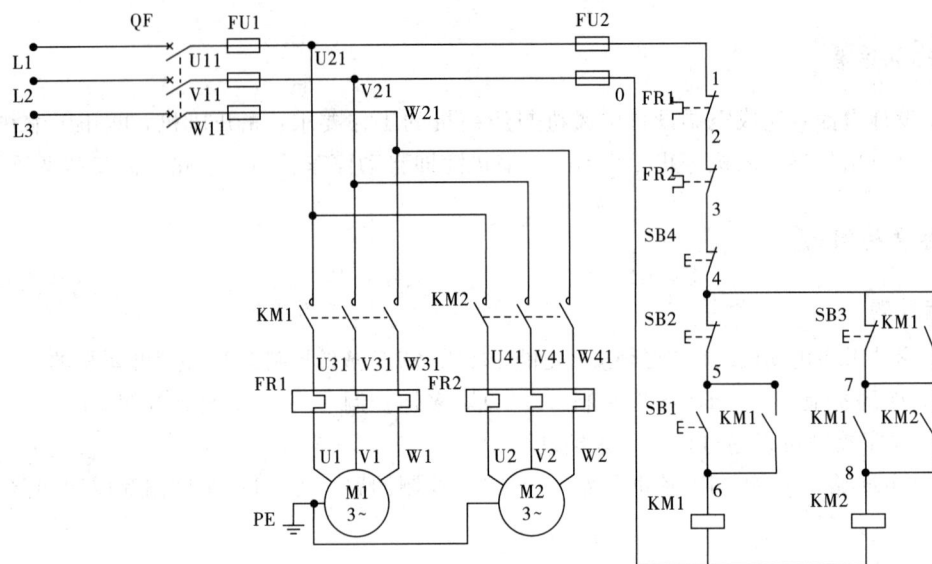

图 4-2-1　电动机同启顺停控制电路

车时，按下总停止按钮 SB4，接触器 KM1、KM2 线圈同时失电，主触头断开，M1、M2 同时停车。

❖ 任务实施

1. 准备工作

按控制要求准备工具、仪表、元器件及辅助材料，填写领料单表 4-2-1 并领料，检查电器元件外观是否完整，检测元器件各项技术指标是否符合规定要求。

表 4-2-1　电动机同启顺停控制电路领料单

班级		姓名		组别		工位号	
分类	名　称		型　号　与　规　格			单位	数量
工具							
仪表							
器材							
耗料							

2. 绘制布置图

将网孔板由上至下划分为四个区域，第一个区域安装低压断路器及熔断器，第二个区域安装接触器，第三个区域安装热继电器，第四个区域安装端子排，按钮经端子排与板内元器件连接，如图 4-2-2 所示。

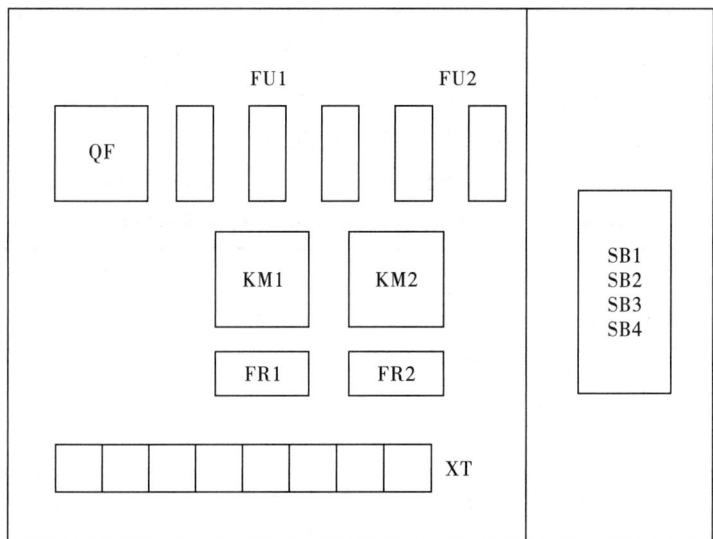

图 4-2-2　电动机同启顺停控制电路电器布置

3. 绘制接线图

在图 4-2-3 上绘制完整的电动机同启顺停控制电路接线图。按照线槽布线工艺要求进行布线，在导线两端套号码管和冷压头。

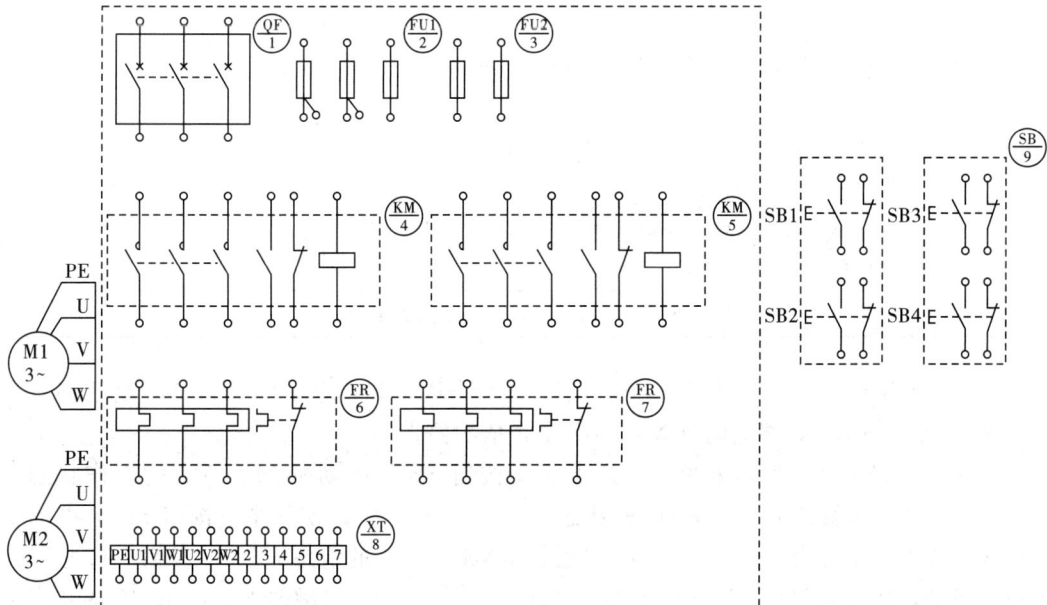

图 4-2-3　电动机同启顺停控制电路接线

4. 按图施工

按照图纸要求，完成电动机同启顺停控制电路的安装与调试。布线工艺要求参见本项目任务一。

5. 通电试车

安装完毕后，经过学生自检和教师检查，无误后接通三相电源，通电试车。

(1) 导线连接的正确性检查。按电路图或者接线图从电源端开始，逐段核对接线端子处线号是否正确，有无漏接错接。检查导线接点压接是否牢固，是否有露芯过长现象。

(2) 电路的通断情况检查。在断开电源的情况下，选用万用表 R×100 或 R×1k 挡，按检测表 4-2-2 要求，将测量的电阻值填入表中，根据测量值判断是否存在接线错误。

表 4-2-2　电动机同启顺停控制电路检测表

检测项目	操 作 方 法	阻值	说　明
主回路	未操作任何电器，测 L1—U1、L2—V1、L3—W1、L1—U2、L2—V2、L3—W2 之间的电阻		
	压下 KM1 触点架，测量 L1—U1、L2—V1、L3—W1 之间的电阻		
	压下 KM2 触点架，测量 L1—U2、L2—V2、L3—W2 之间的电阻		
控制回路	未操作任何电器，测量控制电路电源两端 U21—V21 之间的电阻		
	按下 SB1，测量控制电路电源两端 U21—V21 之间的电阻		
	按下 SB1、SB2，测量控制电路电源两端 U21—V21 之间的电阻		
	按下 SB3、KM2，测量控制电路电源两端 U21—V21 之间的电阻		
	压下 KM1，测量控制电路电源两端 U21—V21 之间的电阻		
	压下 KM1、KM2，测量控制电路电源两端 U21—V21 之间的电阻		
	压下 KM1、KM1、KM2，测量 4—8 两端之间的电阻		

(3) 通电试车。依据控制要求，按下启动按钮 SB1，观察电动机 M1、M2 是否同时启动；按下 SB2、SB3，观察电动机 M1、M2 是否依次停止。

操作并记录：合上低压断路器，按下启动按钮 SB1，电动机 M1、M2 的工作状态为（　　　　），接触器 KM1、KM2 的状态为（　　　　　　）；按下停止按钮 SB2，电动机 M1、M2 的工作状态为（　　　　），接触器 KM1、KM2 的状态为（　　　　　　）；按下停止按钮 SB3，电动机 M1、M2 的工作状态为（　　　　），接触器 KM1、KM2 的状态为（　　　　）。

（4）试车成功后，断开电源，拆除导线，整理工具材料和操作台。

6. 故障排除

电动机同启顺停控制电路故障主要表现在电动机 M1、M2 同时启动后，未按下停止按钮 SB2，电动机 M1 未停止运转时，按下停止按钮 SB3，M2 能够停止，即未能实现顺序停止功能，将故障现象分析与处理方法填入表 4 - 2 - 3 中。

表 4 - 2 - 3　电动机同启顺停控制电路常见故障现象分析与处理

操作方法	故障现象	故障分析	故障处理
按下 SB1	M1 或 M2 启动并持续运转	按钮 SB1 处接线故障	
按下 SB3	M1 持续运转，M2 停转	KM1 的常开触头没有并联进停止按钮 SB3 两端	

7. 清理现场

实训结束后，按 6S 要求清理现场，收拾工具、仪表，整理实训操作台，清扫实训场地，完成任务评价表。

❖ **任务评价**

电动机顺启同停控制电路安装与调试任务评分标准如表 4 - 2 - 4 所示，对照评分标准对任务完成情况进行评价打分。

表 4 - 2 - 4　电动机顺启同停控制电路安装与调试任务评分标准

任务名称		学生姓名		组别		工位号	
						用时长	
序号	内容	配分		评分标准			扣分
1	安装元器件	10	（1）不按电器布置图安装，扣 10 分； （2）元器件安装不牢固，每只扣 2 分； （3）损坏元器件，每只扣 5 分				
2	布线工艺	20	（1）不按电气原理图接线，扣 15 分； （2）布线不进线槽、不美观，扣 10 分； （3）接点松动、露芯过长、压绝缘层等，每处扣 1 分				
3	通电试车	50	（1）第一次试车不成功，扣 25 分； （2）第二次试车不成功，扣 35 分； （3）第三次试车不成功，扣 50 分				
4	安全文明	10	违反安全文明生产，扣 10 分				
5	清扫清洁	10	（1）未按规定拆除导线，扣 3 分； （2）未把工具归置还原，扣 3 分； （3）未把工作台清理干净，扣 4 分				

❖ 任务拓展

　　试利用时间继电器设计电路，完成两台电动机的顺序启动同时停止功能，画出电路图并进行安装调试。

❖ 思考练习题

选择题

两台电动机的同启顺停控制可以利用(　　　)来实现。

A. 时间继电器　　　　B. 中间继电器　　　　C. 多个按钮　　　　D. 以上都是

任务三　　电动机顺启逆停控制电路

❖ 任务目标

　　(1) 正确识读两台电动机顺启逆停控制电路的原理图，并会分析工作原理。
　　(2) 能根据两台电动机顺启逆停控制电路的原理图安装调试电路。
　　(3) 能根据故障现象对两台电动机顺启逆停控制电路的简单故障进行排查。
　　(4) 遵守 6S 管理规定，做到安全文明规范操作。

❖ 任务分析

　　本任务中，按下启动按钮 SB3、SB4，油泵电动机 M1 启动后，主轴电动机 M2 才能启动；按下停止按钮 SB1、SB2，主轴电动机 M2 停止运转后，油泵电动机 M1 才能停止。

❖ 知识链接

　　如图 4-3-1 所示，在控制回路中，接触器 KM1 的常开辅助触头串接在电动机 M2 的启动控制支路上，电动机 M1 启动运转后，接触器 KM2 才能够通过闭合的 KM1 辅助触头，接通电动机 M2 的控制回路，满足电动机 M1、M2 顺序启动的要求。接触器 KM2 的常开辅助触头并接在电动机 M1 的停止按钮 SB1 两端，当电动机 M2 停止运转后，再按下 SB1 时，M1 才能够停止运转，满足电动机 M1、M2 逆序停车的要求。

　　控制回路实现的电动机顺启逆停控制电路的工作过程：合上低压断路器 QF，按下 SB3，接触器 KM1 线圈得电，KM1 的主触头闭合，辅助触头 KM1 吸合实现自锁，电动机 M1 得电连续运转；再按下 SB4，接触器 KM2 线圈通过闭合的 KM1 辅助触头得电，KM2 的主触头闭合，辅助触头 KM2 吸合实现自锁，电动机 M2 得电连续运转，实现顺序启动。按下停止按钮 SB2，主触头 KM2 断开，KM2 辅助触头断开，M2 断电停车；再按下停止按钮 SB1，接触器 KM1 线圈失电，KM1 主触头断开，M1 断电停车，实现逆序停止。

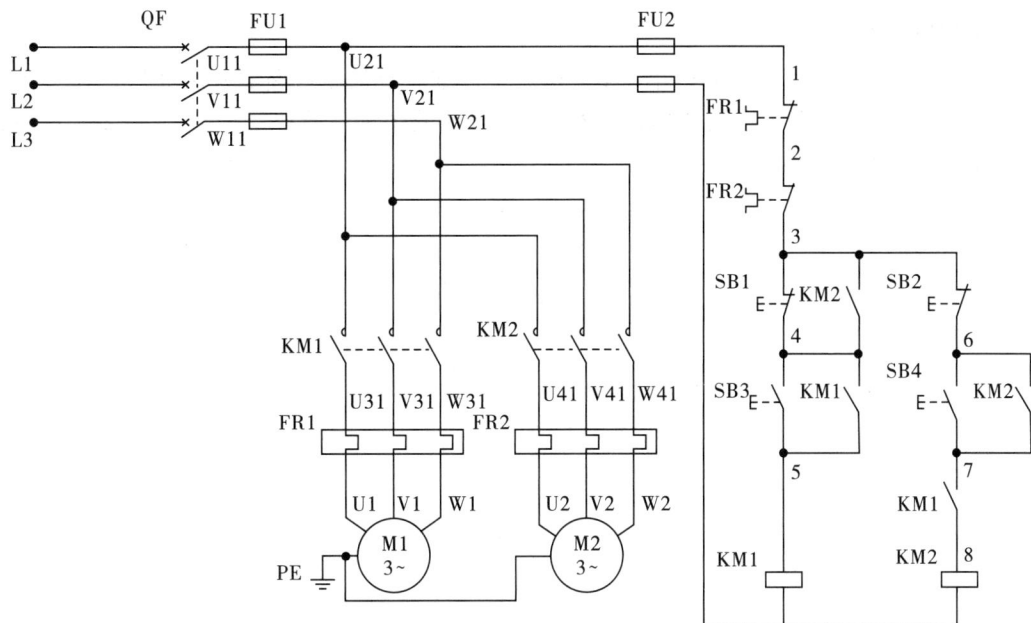

图 4-3-1　控制回路实现的电动机顺启逆停控制电路

❖ **任务实施**

1. 准备工作

按控制要求准备工具、仪表、元器件及辅助材料，填写领料单表4-3-1并领料，检查电器元件外观是否完整，检测元器件各项技术指标是否符合规定要求。

表 4-3-1　电动机顺启逆停控制电路领料单

班级		姓名		组别		工位号	
分类	名　称		型 号 与 规 格			单位	数量
工具							
仪表							
器材							
耗材							

2. 绘制布置图

将网孔板由上至下划分为四个区域，第一个区域安装低压断路器及熔断器，第二个区域安装接触器，第三个区域安装热继电器，第四个区域安装端子排，如图4-3-2所示，按钮经端子排与板内元器件连接。

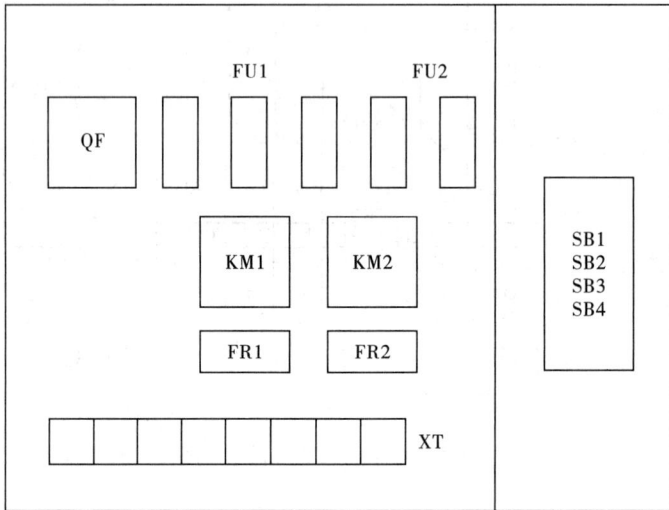

图4-3-2 电动机顺启逆停控制电路电器布置

3. 绘制接线图

在图4-3-3上绘制完整的电动机顺启逆停控制电路接线图。按照线槽布线工艺要求进行布线，在导线两端套号码管和冷压头。

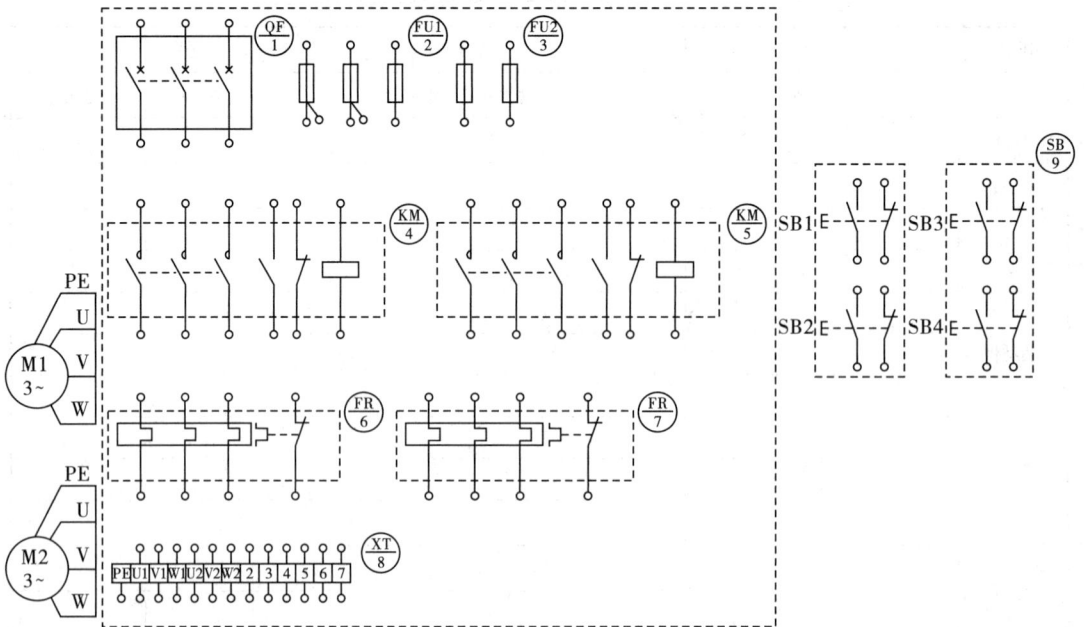

图4-3-3 电动机顺启逆停控制电路接线

4. 按图施工

按照图纸要求，完成电动机顺启逆停控制电路安装与调试。布线工艺要求详见本项目任务一。

5. 通电试车

安装完毕后，经过学生自检和教师检查，无误后接通三相电源，通电试车。

（1）导线连接的正确性检查。按电路图或者接线图从电源端开始，逐段核对接线端子处线号是否正确，有无漏接错接。检查导线接点压接是否牢固，是否有露芯过长现象。

（2）电路的通断情况检查。在断开电源的情况下，选用万用表 R×100 或 R×1k 挡，按检测表 4-3-2 要求，将测量的电阻值填入表中，根据测量值判断是否存在接线错误。

表 4-3-2　电动机顺启逆停控制电路检测表

检测项目	操作方法	阻值	说明
主回路	未操作任何电器，测 L1—U1、L2—V1、L3—W1、L1—U2、L2—V2、L3—W2 之间的电阻		
	压下 KM1 触点架，测量 L1—U1、L2—V1、L3—W1 之间的电阻		
	压下 KM2 触点架，测量 L1—U2、L2—V2、L3—W2 之间的电阻		
控制回路	未操作任何电器，测量控制电路电源两端 U21—V21 之间的电阻		
	按下 SB3，测量控制电路电源两端 U21—V21 之间的电阻		
	按下 SB4，测量控制电路电源两端 U21—V21 之间的电阻		
	压下 KM1，再按下 SB4，测量控制电路电源两端 U21—V21 之间的电阻		
	压下 KM1、KM2，测量控制电路电源两端 U21—V21 之间的电阻		
	压下 KM1、KM2，按下 SB1，测量两端 3—5 之间的电阻		
	压下 KM1、KM2，按下 SB2，测量两端 3—8 之间的电阻		

（3）通电试车。依据控制要求，依次按下启动按钮 SB3、SB4，观察两台电动机是否依照先启动 M1、再启动 M2 的顺序依次启动；按下停止按钮 SB2、SB1，观察两台电动机是否按照先停 M2、再停 M1 的顺序停止。

操作并记录：合上低压断路器，按下 SB3，电动机 M1、M2 的工作状态为（　　　　　），接触器 KM1、KM2 的状态为（　　　　　）；按下 SB4，电动机 M1、M2 的工作状态为（　　　　　），接触器 KM1、KM2 的状态为（　　　　　）；按下停止按钮 SB2，电动机 M1、

M2 的工作状态为（　　　　　），接触器 KM1、KM2 的状态为（　　　　　）；按下停止按钮 SB1，电动机 M1、M2 的工作状态为（　　　　　），接触器 KM1、KM2 的状态为（　　　　　）。

（4）试车成功后，断开电源，拆除导线，整理工具材料和操作台。

6. 故障排除

电动机顺启逆停控制电路的主要故障：① 电动机不能顺序启动，即在电动机 M1 未启动时，M2 可以启动；② 电动机不能逆序停止，即在电动机 M2 未停止时，M1 能够停止，即未能实现顺序启动逆序停止。分析上述故障原因，并将故障分析及处理方法填入表 4-3-3 中。

表 4-3-3　电动机顺启逆停控制电路常见故障现象分析与处理

操作方法	故障现象	故障分析	故障处理
按下 SB4	M1 未启动时，M2 启动		
按下 SB1	M2 未停，M1 停车		

7. 清理现场

实训结束后，按 6S 要求清理现场，收拾工具、仪表，整理实训操作台，清扫实训场地，完成任务评价表。

❖ **任务评价**

电动机顺启逆停控制电路安装与调试任务评分标准如表 4-3-4 所示，对照评分标准对任务完成情况进行评价打分。

表 4-3-4　电动机顺启逆停控制电路安装与调试任务评分标准

任务名称		学生姓名		组别		工位号	
						用时长	
序号	内容	配分	评分标准			扣分	
1	安装元器件	10	（1）不按电器布置图安装，扣 10 分； （2）元器件安装不牢固，每只扣 2 分； （3）损坏元器件，每只扣 5 分				
2	布线工艺	20	（1）不按电气原理图接线，扣 15 分； （2）布线不进线槽、不美观，扣 10 分； （3）接点松动、露芯过长、压绝缘层等，每处扣 1 分				
3	通电试车	50	（1）第一次试车不成功，扣 25 分； （2）第二次试车不成功，扣 35 分； （3）第三次试车不成功，扣 50 分				
4	安全文明	10	违反安全文明生产，扣 10 分				
5	清扫清洁	10	（1）未按规定拆除导线，扣 3 分； （2）未把工具归置还原，扣 3 分； （3）未把工作台清理干净，扣 4 分				

任务四　电动机顺启逆停自动控制电路

❖ **任务目标**

（1）正确识读两台电动机顺启逆停自动控制电路的原理图，并会分析工作原理。

（2）能根据两台电动机顺启逆停自动控制电路的原理图，安装调试电路。

（3）能根据故障现象，对两台电动机顺启逆停自动控制电路的简单故障进行排查。

（4）遵守 6S 管理规定，做到安全文明规范操作。

❖ **任务分析**

在本任务中，设定时间继电器 KT 延时 5 s，按下启动按钮 SB1，电动机 M1 启动，延时 5 s 后电动机 M2 自动启动；按下停止按钮 SB3，主轴电动机 M2 停止运转，再按下 SB2 电动机 M1 才能停止，停止时必须先停止 M2，如先按下 SB2，电动机 M1 不会动作。

❖ **知识链接**

如图 4-4-1 所示，在控制回路中，接触器 KM1 的常开辅助触头串接在电动机 M2 的启动控制支路上，电动机 M1 启动运转后，时间继电器 KT 得电，经过设定延时后，接触器 KM2 才能够通过闭合的 KM1 辅助触头及 KT 延时闭合触头接通电动机 M2 的控制回路，

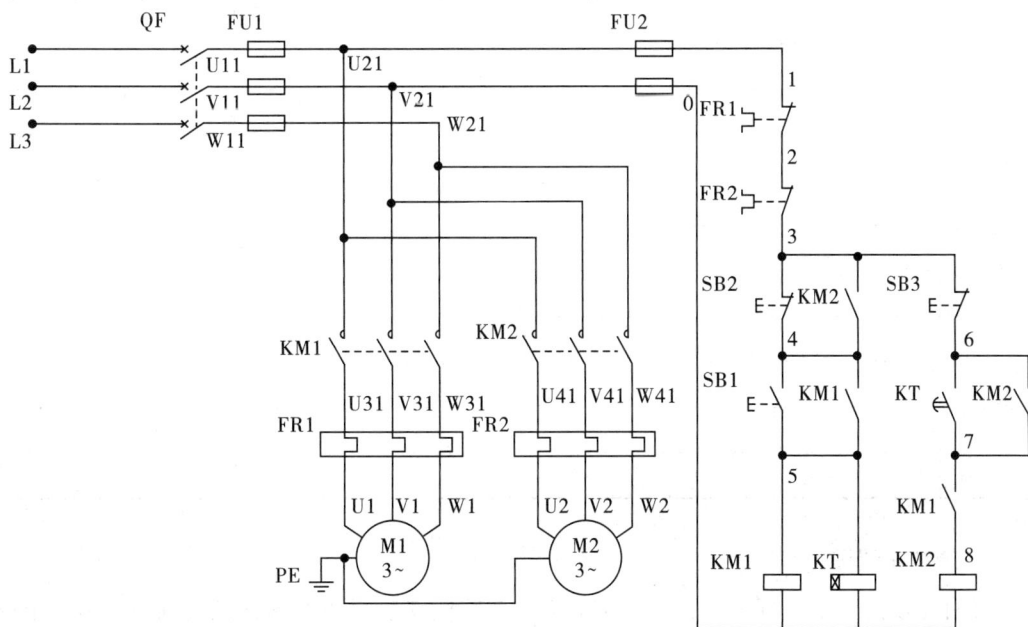

图 4-4-1　时间继电器实现的电动机顺启逆停自动控制电路

满足电动机 M1、M2 顺序启动的要求。接触器 KM2 的常开辅助触头并接在电动机 M1 的停止按钮 SB2 两端,当电动机 M2 停止运转后,再按下 SB2 时,M1 才能够停止运转,从而满足电动机 M1、M2 逆序停止的要求。

时间继电器实现的电动机顺启逆停自动控制电路的工作过程:合上低压断路器 QF,按下 SB1,接触器 KM1 线圈得电,KM1 的主触头闭合,辅助触头 KM1 吸合实现自锁,电动机 M1 得电连续运转;时间继电器 KT 得电开始计时,经过 5 s 后,KT 延时闭合触头闭合,接触器 KM2 线圈通过闭合的 KM1 辅助触头得电,KM2 的主触头闭合,辅助触头 KM2 吸合实现自锁,电动机 M2 得电连续运转,实现顺序启动。

按下停止按钮 SB3,接触器 KM2 线圈失电,主触头 KM2 断开,KM2 辅助触头断开,M2 断电停止运转;再按下停止按钮 SB2,接触器 KM1 及时间继电器 KT 线圈失电,KM1 主触头断开,M1 断电停止运转,实现逆序停止。

❖ **任务实施**

1. 准备工作

按控制要求准备工具、仪表、元器件及辅助材料,填写表 4-4-1 并领料,检查电器元件外观是否完整,检测元器件各项技术指标是否符合规定要求。

表 4-4-1 电动机顺启逆停自动控制电路领料单

班级		姓名		组别		工位号	
分类	名 称		型号与规格			单位	数量
工具							
仪表							
器材							
耗材							

2. 绘制布置图

将网孔板由上至下划分为四个区域,第一个区域安装低压断路器及熔断器,第二个区域安装接触器及时间继电器,第三个区域安装热继电器,第四个区域安装端子排,如图 4-4-2 所示,按钮经端子排与板内元器件连接。

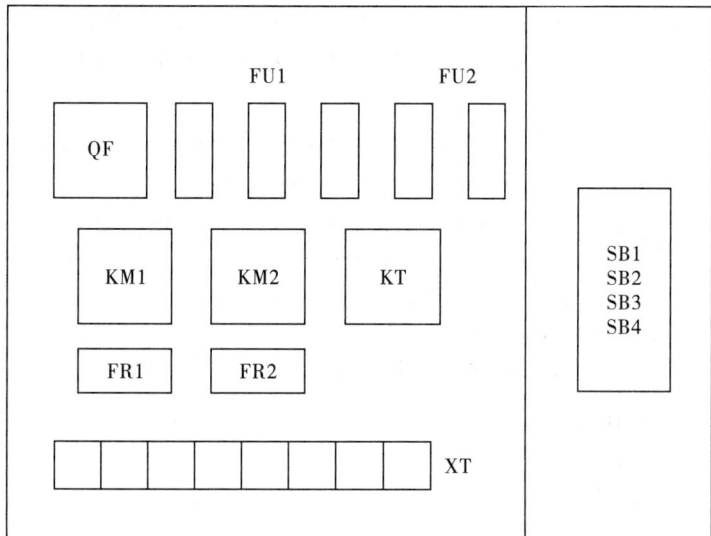

图 4-4-2　电动机顺启逆停自动控制电路电器布置

3. 绘制接线图

在图 4-4-3 上绘制完整的电动机顺启逆停自动控制电路接线图。按照线槽布线工艺要求进行布线，在导线两端套号码管和冷压头。

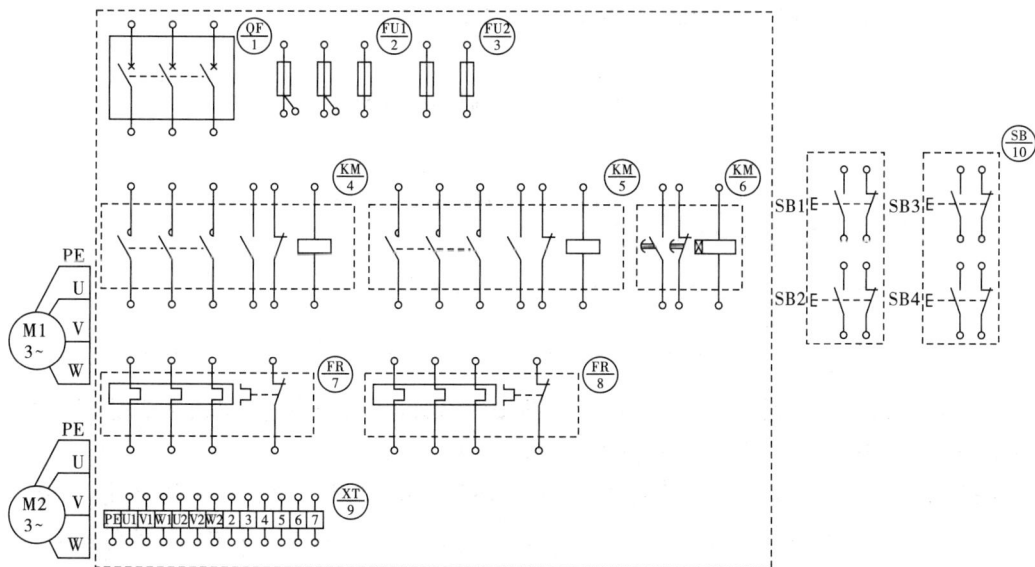

图 4-4-3　电动机顺启逆停自动控制电路接线

4. 按图施工

按照图纸要求，完成电动机顺启逆停自动控制电路安装与调试。布线工艺要求参见本项目任务一。

5. 通电试车

安装完毕后，经过学生自检和教师检查，无误后接通三相电源，通电试车。

（1）导线连接的正确性检查。按电路图或者接线图从电源端开始，逐段核对接线端子处线号是否正确，检查有无漏接错接。检查导线接点压接是否牢固，是否有露芯过长现象。

（2）电路的通断情况检查。在断开电源的情况下，选用 R×100 或 R×1k 挡，按检测表 4-4-2 要求，将测量的电阻值填入表中，根据测量值判断是否存在接线错误。

表 4-4-2　电动机顺启逆停自动控制电路检测表

检测项目	操 作 方 法	阻值	说　明
主回路	未操作任何电器，测量 L1—U1、L2—V1、L3—W1、L1—U2、L2—V2、L3—W2 之间的电阻		
	压下 KM1 触点架，测量 L1—U1、L2—V1、L3—W1 之间的电阻		
	压下 KM2 触点架，测量 L1—U2、L2—V2、L3—W2 之间的电阻		
控制回路	未操作任何电器，测量控制电路电源两端 U21—V21 之间的电阻		
	按下 SB1，测量控制电路电源两端 U21—V21 之间的电阻		
	压下 KM2，测量控制电路电源两端 U21—V21 之间的电阻		
	压下 KM1、KM2，测量控制电路电源两端 U21—V21 之间的电阻		
	压下 KM1、KM2，按下 SB3，测量控制电路电源两端 U21—V21 之间的电阻		
	压下 KM1，按下 SB2，测量控制电路电源两端 U21—V21 之间的电阻		

（3）通电试车。依据控制要求，按下启动按钮 SB1，检查电动机 M1、M2 是否依次启动；依次按下 SB3、SB2，检查电动机 M2、M1 是否依序停止。

操作并记录：合上低压断路器，按下 SB1，电动机 M1、M2 的工作状态为（　　　　），接触器 KM1、KM2 的状态为（　　　　）；延时 5 s 后，电动机 M1、M2 的工作状态为（　　　　），接触器 KM1、KM2 的状态为（　　　　）；按下停止按钮 SB3，电动机 M1、M2 的工作状态为（　　　　），接触器 KM1、KM2 的状态为（　　　　）；按下停止按钮 SB2，电动机 M1、M2 的工作状态为（　　　　），接触器 KM1、KM2 的状态为（　　　　）。

（4）试车成功后，断开电源，拆除导线，整理工具材料和操作台。

6. 故障排除

电动机顺启逆停自动控制电路的故障主要体现在不能自动顺序启动，即电动机 M1 启动延时 5 s 后，M2 未启动，将故障现象分析与处理方法填入表 4-4-3 中。

表 4-4-3　电动机顺启逆停自动控制电路常见故障现象分析与处理

操作方法	故障现象	故障分析	故障处理
按下 SB1	M1 启动延时 5 s 后，M2 未启动		

7. 清理现场

实训结束后，按 6S 要求清理现场，收拾工具、仪表，整理实训操作台，清扫实训场地，完成任务评价表。

❖ **任务评价**

电动机顺启逆停自动控制电路安装与调试任务评分标准如表 4-4-4 所示，对照评分标准对任务完成情况进行评价打分。

表 4-4-4　电动机顺启逆停自动控制电路安装与调试任务评分标准

任务名称		学生姓名		组别		工位号	
						用时长	
序号	内容	配分	评 分 标 准				扣 分
1	安装元器件	10	(1) 不按电器布置图安装，扣 10 分； (2) 元器件安装不牢固，每只扣 2 分； (3) 损坏元器件，每只扣 5 分				
2	布线工艺	20	(1) 不按电气原理图接线，扣 15 分； (2) 布线不进线槽、不美观，扣 10 分； (3) 接点松动、露芯过长、压绝缘层等，每处扣 1 分				
3	通电试车	50	(1) 第一次试车不成功，扣 25 分； (2) 第二次试车不成功，扣 35 分； (3) 第三次试车不成功，扣 50 分				
4	安全文明	10	违反安全文明生产，扣 10 分				
5	清扫清洁	10	(1) 未按规定拆除导线，扣 3 分； (2) 未把工具归置还原，扣 3 分； (3) 未把工作台清理干净，扣 4 分				

项目五

三相异步电动机减压启动控制电路的安装与调试

【项目概述】

　　三相异步电动机直接启动的优点是所用电器设备少，电路简单；缺点是启动电流大，异步电动机启动电流是额定电流的 4～7 倍，对容量较大的电动机，直接启动会使电网电压严重下跌，不仅使电动机启动困难、寿命缩短，而且会影响其他用电设备的正常运行。因此，较大容量的电动机需采用减压启动。

任务一　Y-△减压启动控制电路

❖ 任务目标

　　(1) 正确识读 Y-△减压启动控制电路原理图，会分析工作原理。

　　(2) 能根据 Y-△减压启动控制电路原理图，安装调试电路。

　　(3) 能根据故障现象，对 Y-△减压启动控制电路的简单故障进行排查。

　　(4) 遵守 6S 管理规定，做到安全文明规范操作。

❖ 任务分析

　　当按下启动按钮 SB1 时，将电动机 M 定子绕组接成星形联结(Y)，可降低启动电压，限制启动电流，待电动机稳定运行后，再将定子绕组改接成三角形联结(△)电动机全压运行；当按下停止按钮 SB2 时，电动机 M 停止运转。

❖ 知识链接

1. Y-△减压启动工作原理

　　如图 5-1-1(a)所示，U1、V1、W1 为三相绕组的首端，U2、V2、W2 为三相绕组的尾端；当 KM_Y 的常开主触头闭合，$KM_\triangle$ 的常开主触头断开时，三相绕组为 Y 联结，如图

5-1-1(b)所示；当 KM$_Y$ 的常开主触头断开，KM$_\triangle$ 的常开主触头闭合时，三相绕组为 △ 联结，如图 5-1-1(c)所示。

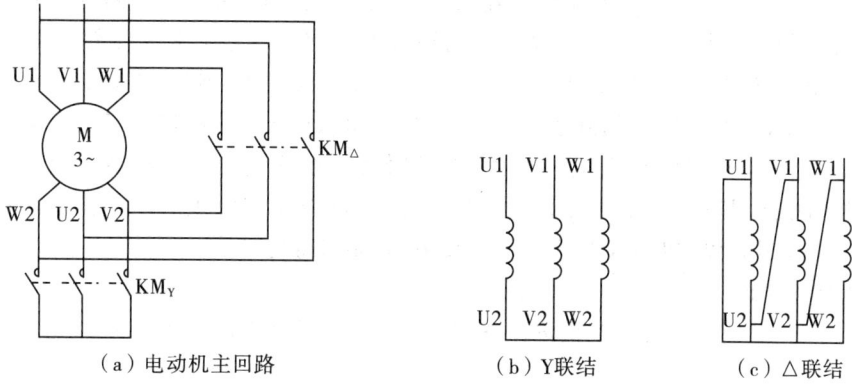

（a）电动机主回路　　（b）Y联结　　（c）△联结

图 5-1-1　定子绕组 Y-△接线示意图

2. Y-△减压启动控制电路分析

如图 5-1-2 所示，主电路通过三个接触器 KM、KM$_Y$、KM$_\triangle$ 主触头的通断配合，将电动机的定子绕组分别接成 Y 联结或△联结。当 KM、KM$_Y$ 线圈通电时，定子绕组接成 Y 联结；当 KM、KM$_\triangle$ 线圈通电时，定子绕组接成△联结。时间继电器 KT 用来控制电动机绕组 Y 联结启动的时间和△联结运行状态的改变。

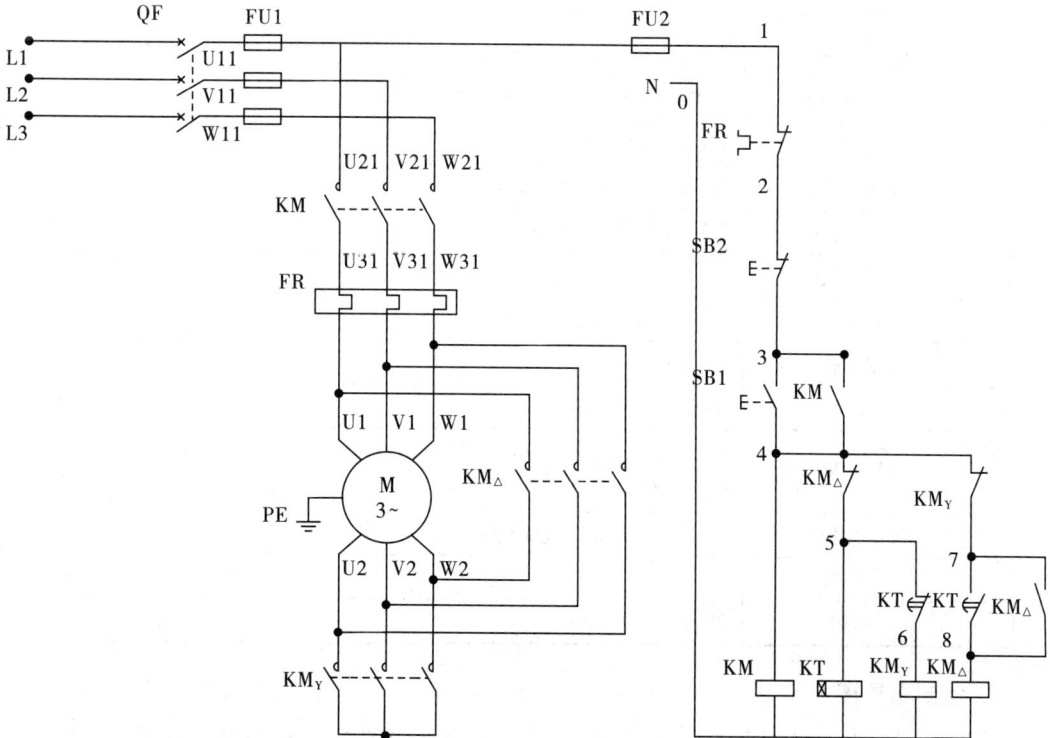

图 5-1-2　Y-△减压启动控制电路原理

Y-△减压启动控制电路的工作过程如下：

1）电动机减压启动并自动转为全压运行

如图 5-1-2 所示，合上低压断路器 QF，按下启动按钮 SB1，接触器 KM 线圈得电，KM 的主触头闭合，为 M 启动作准备，辅助触头 KM 吸合实现自锁；接触器 KM_Y 线圈得电，KM_Y 主触头闭合，电动机定子绕组 Y 联结开始减压启动，KM_Y 常闭触头断开实现互锁；KT 线圈得电，当延时时间到后，KT 延时常闭触头断开，接触器 KM_Y 线圈断电，KM_Y 主触头断开，KM_Y 常闭触头失电闭合，KT 延时常开触头闭合，接触器 $KM_\triangle$ 线圈得电；$KM_\triangle$ 主触头闭合，$KM_\triangle$ 常开触头闭合实现自锁，电动机定子绕组△联结全压运行；$KM_\triangle$ 常闭触头断开，KT 线圈断电，实现互锁，使 KM_Y 无法得电。

2）电动机停止

如图 5-1-2 所示，按下停止按钮 SB2，控制电路断电，电动机 M 停止运转。

❖ **任务实施**

1. 准备工作

按表 5-1-1 准备工具、仪表、元器件及辅助材料，检查电器元件外观是否完整，检测元器件各项技术指标是否符合规定要求。

表 5-1-1　Y-△减压启动控制电路元器件清单表

序号	名　称	型号与规格	单位	数量
1	三相异步电动机	Y112M—4，4 kW，380 V，8.8 A	台	1
2	低压断路器	DZ47—63，380 V，20 A	只	1
3	交流接触器	CJX2—1210，线圈电压 380 V	只	3
4	熔断器	RT18—32，500 V，熔体 20 A 和 4 A	只	5
5	热继电器	JRS1—09—25/Z(LR2—D13)	只	1
6	控制按钮	LA—18，5 A，红色	只	1
7	控制按钮	LA—18，5 A，绿色	只	1
8	时间继电器	ST3P，额定电压 380 V	只	1
9	端子排	TB1510，600 V	只	1
10	导轨	35 mm×200 mm		若干
11	塑料软铜线	BVR 1.5 mm²/1 mm²/0.75 mm²，黄色、绿色、红色、蓝色		若干
12	接地保护线	BVR 1.5 mm²，黄绿色		若干
13	号码管			若干
14	线槽	20 mm×40 mm		若干

2. 绘制布置图

将网孔板由上至下划分为四个区域，第一个区域安装低压断路器及熔断器，第二个区域安装接触器和时间继电器，第三个区域安装热继电器，第四个区域安装端子排，如图 5-1-3 所示，按钮经端子排与板内元器件连接。

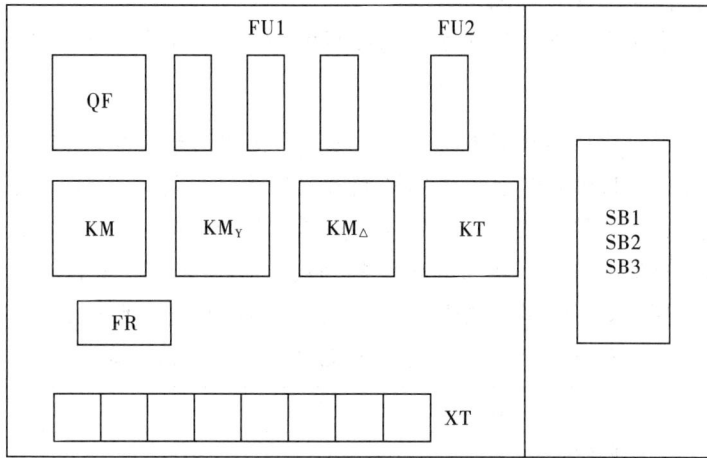

图 5-1-3 Y-△减压启动控制电路电器布置

3. 绘制接线图

在图 5-1-4 上绘制完整的 Y-△减压启动控制电路接线图。按照线槽布线工艺要求进行布线，在导线两端套号码管和冷压头。

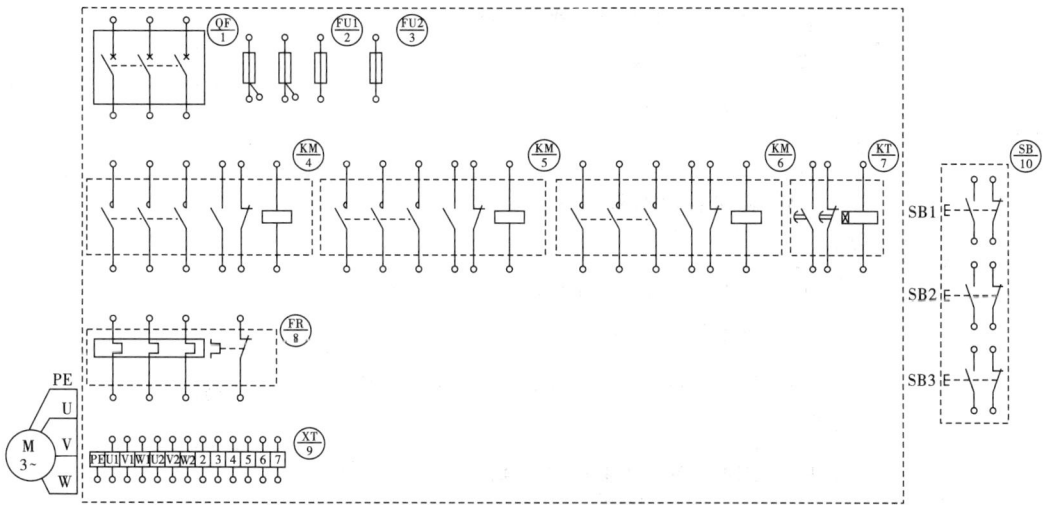

图 5-1-4 Y-△减压启动控制电路接线

4. 按图施工

按照图纸要求，完成 Y-△减压启动控制电路安装与调试。

布线工艺要求：

（1）按主回路、控制回路分类集中，单层平行密排，紧贴敷设面。

（2）布线顺序为从上至下，从左到右，先主回路，后控制回路。

（3）布线合理，不能交叉。同一平面上的导线保持高低一致或前后一致。

（4）布线横平竖直、分布均匀、转弯垂直，注意不伤线芯，不伤绝缘层。

（5）在导线与接线端子连接时，要做到不反圈、不压绝缘层、不露芯过长，同一元器件、同一回路导线间距离保持一致。

（6）一个接线端子上的连接导线不能超过两根，一般只允许连接一根。

5. 通电试车

安装完毕后，经过学生自检和教师检查，无误后接通三相电源，通电试车。

（1）导线连接的正确性检查。按电路图或者接线图从电源端开始，逐段核对接线端子处线号是否正确，有无漏接错接。检查导线接点压接是否牢固，是否有露芯过长现象。

（2）电路的通断情况检查。在断开电源的情况下，选用万用表 R×100 或 R×1k 挡，按检测表 5-1-2 要求，将测量的电阻值填入表中，根据测量值判断是否存在接线错误。

表 5-1-2　Y-△减压启动控制电路检测表

检测项目	操作方法	阻值	说明
主回路	未操作任何电器，测量 L1—U1、L2—V1、L3—W1 之间的电阻		
	压下 KM、KM_Y 触点架，测量 L1—U1、L2—V1、L3—W1 之间的电阻		
	压下 KM、$KM_△$ 触点架，测量 L1—U2、L2—V2、L3—W2 之间的电阻		
控制回路	未操作任何电器，测量控制电路电源两端 U21—N 之间的电阻		
	按下 SB1，测量控制电路电源两端 U21—N 之间的电阻		
	压下 KM，测量控制电路电源两端 U21—N 之间的电阻		
	压下 KM、KM_Y、$KM_△$，测量控制电路电源两端 U21—N 之间的电阻		
	压下 KM、KM_Y，测量控制电路电源两端 U21—N 之间的电阻		
	压下 KM、$KM_△$，测量控制电路电源两端 U21—N 之间的电阻		

（3）通电试车。依据控制要求，按下启动按钮 SB1，观察电动机 M、M2 是否按 Y-△ 减压启动；按下停止按钮 SB2，观察电动机 M 是否停止。

操作并记录：合上低压断路器，按下启动按钮 SB1，电动机 M 的工作状态为（　　　　　　），接触器 KM、KM_Y、$KM_△$ 的状态为（　　　　　　　　）；时间继电器 KT 动作后，电动机 M1 的工作状态为（　　　　　　），接触器 KM、KM_Y、$KM_△$ 的状态为（　　　　　）；按下停止按钮 SB2，电动机 M 的工作状态为（　　　　　　），接触器 KM、KM_Y、$KM_△$ 的状态为（　　　　）。

（3）试车成功后，断开电源，拆除导线，整理工具材料和操作台。

6. 故障排除

Y-△减压启动控制电路的常见故障如表 5-1-3 所示,将故障分析与处理方法填入表中。

表 5-1-3　Y-△减压启动控制电路常见故障现象分析与处理

操作方法	故障现象	故障分析	故障处理
按下 SB1	在 Y 联结时,启动过程正常,但随后电动机发出异常声音,转速也急剧下降		
按下 SB1	电路空载试验工作正常,当接上电动机试车时,电动机就发出异常声音,转子左右颤动		

7. 清理现场

实训结束后,按 6S 要求清理现场,收拾工具、仪表,整理实训操作台,清扫实训场地,完成任务评价表。

❖ **任务评价**

Y-△减压启动控制电路安装与调试任务评分标准如表 5-1-4 所示,对照评分标准对任务完成情况进行评价打分。

表 5-1-4　Y-△减压启动控制电路安装与调试任务评分标准

任务名称		学生姓名		组别		工位号	
						用时长	
序号	内容	配分	评 分 标 准			扣分	
1	安装元器件	10	(1) 不按电器布置图安装,扣 10 分; (2) 元器件安装不牢固,每只扣 2 分; (3) 损坏元器件,每只扣 5 分				
2	布线工艺	20	(1) 不按电气原理图接线,扣 15 分; (2) 布线不进线槽、不美观,扣 10 分; (3) 接点松动、露芯过长、压绝缘层等,每处扣 1 分				
3	通电试车	50	(1) 第一次试车不成功,扣 25 分; (2) 第二次试车不成功,扣 35 分; (3) 第三次试车不成功,扣 50 分				
4	安全文明	10	违反安全文明生产,扣 10 分				
5	清扫清洁	10	(1) 未按规定拆除导线,扣 3 分; (2) 未把工具归置还原,扣 3 分; (3) 未把工作台清理干净,扣 4 分				

❖ 思考练习题

选择题

1. 三相笼型异步电动机直接启动电流较大，一般可达额定电流的（　　）倍。

A. 2～3　　　　　B. 3～4　　　　　C. 4～7　　　　　D. 10

2. 当异步电动机采用 Y-△减压启动时，每相定子绕组的电流是△联结全压启动时的（　　）倍。

A. 2　　　　　　B. 3　　　　　　C. 1/3　　　　　D. 1

任务二　自耦变压器减压启动控制电路

❖ 任务目标

（1）正确识读自耦变压器减压启动控制电路原理图，并会分析其工作原理。

（2）能根据自耦变压器减压启动控制电路原理图，安装调试电路。

（3）遵守 6S 管理规定，做到安全文明规范操作。

❖ 任务分析

自耦变压器减压启动是指利用自耦变压器来降低加在电动机三相定子绕组上的电压，达到限制启动电流的目的。当电动机启动时，定子绕组得到的电压是自耦变压器的二次电压，一旦启动完毕，自耦变压器便被切除，电动机全压正常运行。

❖ 知识链接

如图 5-2-1 所示，主回路通过两个接触器 KM1、KM2 改变电动机三相定子绕组上的电压。当 KM1 线圈通电时，定子绕组串联自耦变压器减压启动；当 KM2 线圈通电时，定子绕组全压运行。时间继电器 KT 用来控制电动机定子绕组减压启动的时间和全压运行状态的改变。

自耦变压器减压启动控制电路的工作过程如下：

（1）自耦变压器减压启动并自动转为全压运行。

如图 5-2-1 所示，合上低压断路器 QF，按下启动按钮 SB1，接触器 KM1、KT 线圈同时得电，KM1 的主触头闭合，KM1 常开辅助触头吸合实现自锁，电动机 M 减压启动；当 KT 延时时间到后，通电延时常开触头闭合，中间继电器 KA 得电，KA 常闭辅助触头断开，KM1、KT 线圈失电，KA 常开辅助触头闭合，KM2 线圈得电，KM2 主触头闭合，电动机 M 全压运行。

（2）电动机停止。

如图 5-2-1 所示，按下停止按钮 SB2，控制回路断电，电动机 M 停止运转。

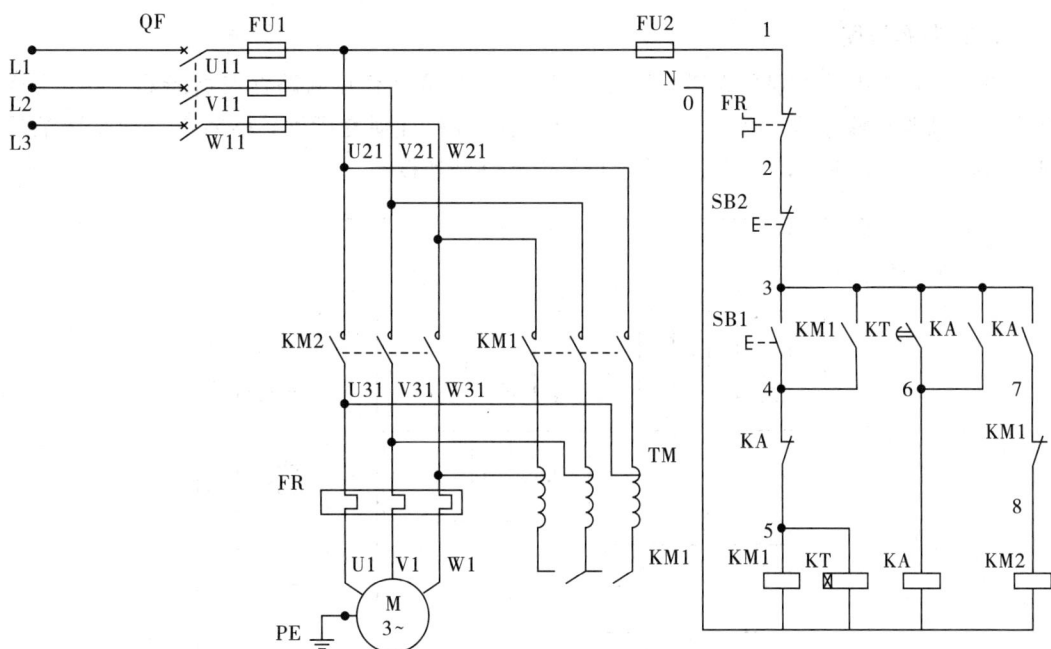

图 5 - 2 - 1　自耦变压器减压启动控制电路

❖ 任务实施

1. 准备工作

按控制要求准备工具、仪表、元器件及辅助材料，填写领料单表5-2-1并领料，检查电器元件外观是否完整，检测元器件各项技术指标是否符合规定要求。

表 5 - 2 - 1　自耦变压器减压启动控制电路元器件领料单

序号	名　称	型　号　与　规　格	单位	数量
1				
2				
3				
4				
5				
6				
7				
8				
9				
10				
11				
12				
13				

2. 绘制布置图

将网孔板由上至下划分为四个区域,第一个区域安装低压断路器及熔断器,第二个区域安装接触器和继电器,第三个区域安装热继电器和自耦变压器,第四个区域安装端子排,如图 5-2-2 所示,按钮经端子排与板内元器件连接。

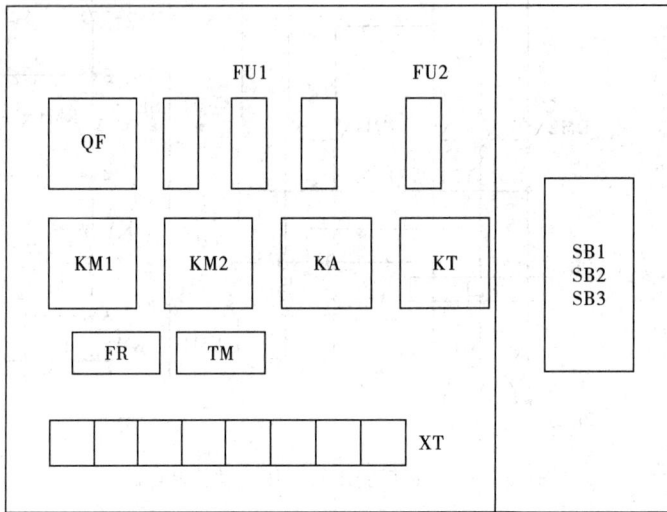

图 5-2-2　自耦变压器减压启动控制电路电器布置

3. 绘制接线图

在图 5-2-3 上绘制完整的自耦变压器减压控制电路接线图。按照线槽布线工艺要求进行布线,在导线两端套号码管和冷压头。

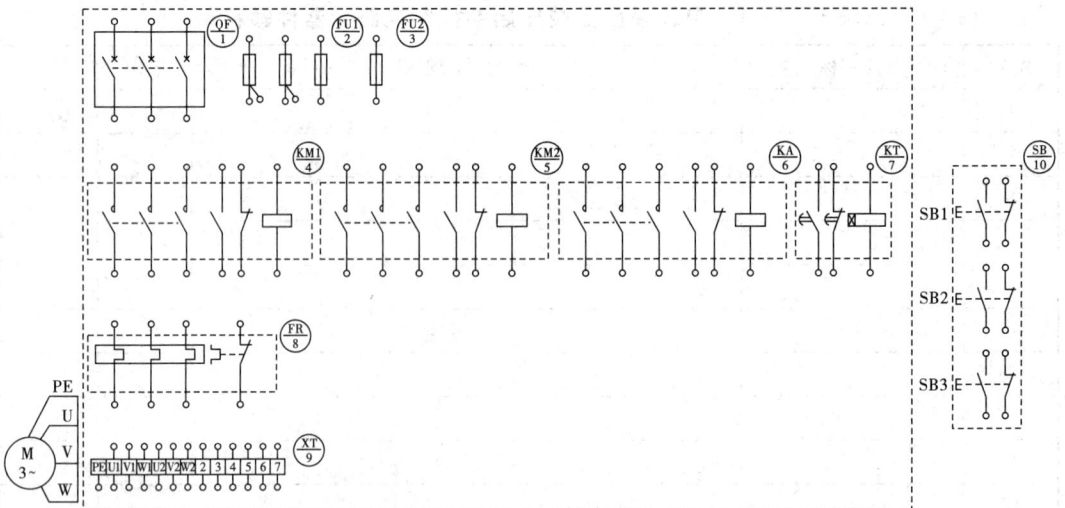

图 5-2-3　自耦变压器减压启动控制电路接线

4. 按图施工

按照图纸要求,完成自耦变压器减压启动控制电路安装与调试。布线工艺要求参见本项目任务一。

5. 通电试车

安装完毕后，经过学生自检和教师检查，无误后接通三相电源，通电试车。

（1）导线连接的正确性检查。按电路图或者接线图从电源端开始，逐段核对接线端子处线号是否正确，有无漏接错接。检查导线接点压接是否牢固，是否有露芯过长现象。

（2）电路的通断情况检查。在断开电源的情况下，选用万用表 R×100 或 R×1k 挡，按检测表 5-2-2 要求，将测量的电阻值填入表中，根据测量值判断是否存在接线错误。

表 5-2-2　自耦变压器减压启动控制电路检测表

检测项目	操作方法	阻值	说明
主回路	未操作任何电器，测 L1—U1、L2—V1、L3—W1、L1—U2、L2—V2、L3—W2 之间的电阻		
	压下 KM1 触点架，测量 L1—U1、L2—V1、L3—W1 之间的电阻		
	压下 KM2 触点架，测量 L1—U2、L2—V2、L3—W2 之间的电阻		
控制回路	未操作任何电器，测控制电路电源两端 U21—N 之间的电阻		
	按下 SB1，测控制电路电源两端 U21—N 之间的电阻		
	压下 KA，测控制电路电源两端 U21—N 之间的电阻		
	压下 KM1、KA，测控制电路电源两端 U21—N 之间的电阻		

（3）通电试车。依据控制要求，按下启动按钮 SB1，观察电动机 M 是否减压启动；按下停止按钮 SB2，观察电动机 M 是否停止。

操作并记录：合上低压断路器，按下启动按钮 SB1，电动机 M 的工作状态为（　　　　　），接触器 KM1、KM2 的状态为（　　　　　）；时间继电器动作后，电动机 M 的工作状态为（　　　　　），接触器 KM1、KM2 的状态为（　　　　　）；按下停止按钮 SB2，电动机 M 的工作状态为（　　　　　），接触器 KM1、KM2 的状态为（　　　　　）。

（4）试车成功后，断开电源，拆除导线，整理工具材料和操作台。

6. 故障排除

自耦变压器减压启动控制电路常见故障如表 5-2-3 所示，将故障分析和处理方法记录在表中。

表 5-2-3　自耦变压器减压启动控制电路常见故障现象分析与处理

操作方法	故障现象	故障分析	故障处理
按下 SB1	M 不能切换到全压运行		

7. 清理现场

实训结束后，按 6S 要求清理现场，收拾工具、仪表，整理实训操作台，清扫实训场地，完成任务评价表。

❖ 任务评价

自耦变压器减压启动控制电路安装与调试任务评分标准如表 5-2-4 所示，对照评分标准对任务完成情况进行评价打分。

表 5-2-4　自耦变压器减压启动控制电路安装与调试评分标准

任务名称		学生姓名		组别		工位号	
						用时长	
序号	内容	配分	评 分 标 准				扣分
1	安装元器件	10	(1) 不按电器布置图安装，扣 10 分； (2) 元器件安装不牢固，每只扣 2 分； (3) 损坏元器件，每只扣 5 分				
2	布线工艺	20	(1) 不按电气原理图接线，扣 15 分； (2) 布线不进线槽、不美观，扣 10 分； (3) 接点松动、露芯过长、压绝缘层等，每处扣 1 分				
3	通电试车	50	(1) 第一次试车不成功，扣 25 分； (2) 第二次试车不成功，扣 35 分； (3) 第三次试车不成功，扣 50 分				
4	安全文明	10	违反安全文明生产，扣 10 分				
5	清扫清洁	10	(1) 未按规定拆除导线，扣 3 分； (2) 未把工具归置还原，扣 3 分； (3) 未把工作台清理干净，扣 4 分				

❖ 任务拓展

软启动器启动控制电路

1. 软启动器作用及原理

软启动器特别适用于各种泵类负载或风机类负载，需要软启动和软停车但不需要调速的场合。其目前的应用范围是交流 380 V(也可 660 V)，电动机功率从几千瓦到 800 千瓦。

软启动器采用三相反并联晶闸管作为调压器，通过控制其内部晶闸管的导通角，使电动机输入电压从零开始，以预设函数关系逐渐上升，直至启动结束，电动机全压运行。在使用软启动器启动电动机时，晶闸管的输出电压逐渐增加，电动机逐渐加速，直到晶闸管全导通，电动机工作在额定电压的机械特性上，可实现平滑启动，降低启动电流，避免启动过流跳闸。

2. 软启动器接线

软启动器接线如图 5-2-4 所示。

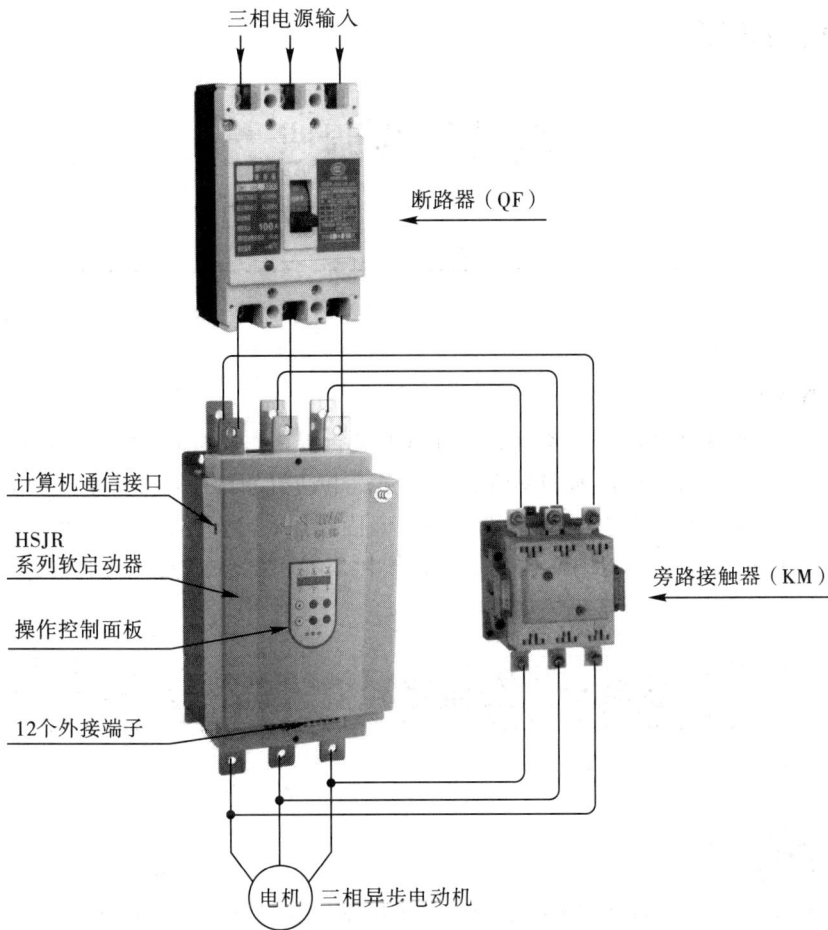

图 5-2-4 软启动器接线

3. 软启动器的特点

笼型异步电动机的 Y-△ 启动、自耦变压器减压启动、电抗器启动等传统启动方式都属于有级减压启动，在启动过程中会出现二次冲击电流。

软启动在启动中的特点是无冲击电流、恒流启动、可自由地无级调整至最佳的启动电流。当电动机停机时，传统的控制方式都是通过瞬间断电完成，而在许多应用场合，不允许电动机瞬间停转，如高层建筑、大楼的水泵系统，如果瞬间停机，会产生巨大的"水锤"效应，使管道甚至水泵遭到损坏。为减少和防止"水锤"效应，需要电动机逐渐停转，即软停车，采用软启动器能满足这一要求。在泵站中，应用软停车技术可避免泵站的"拍门"损坏，减少维修费用和维修工作量。

项目六

电动机的调速

【项目概述】

电动机的调速就是对各类电动机的运行速度进行控制。按照电动机类型的不同，电动机的速度控制可区分为直流调速和交流调速。交流电动机的调速，特别是笼型异步电动机的调速，因其结构简单、制造方便、造价低廉、坚固耐用、运行可靠、无需维护，可高速度大容量运行，能用于恶劣环境中，在工农业生产中得到了极为广泛的应用。

任务一 交流电动机调速原理

❖ **任务目标**

（1）了解交、直流电动机调速的概念，并能根据控制场合进行合理选用。

（2）正确识读交流异步电动机调速过程，并会分析其工作原理。

❖ **任务分析**

通过本任务，了解电动机调速的发展、现状、应用及发展方向，交、直流电动机调速的概念以及工作原理。

❖ **知识链接**

1. 交、直流电动机调速技术简介

直流电动机调速即对直流电动机的速度进行控制。直流电动机中产生转矩的两个要素（电枢电流和励磁磁通）间没有耦合，可通过相应电流分别控制，因此直流电动机调速时易获得良好的控制性能及快速的动态响应，在变速传动领域中曾一度占据主导地位。但是，由于直流电动机需要设置机械换向器和电刷，因此直流电动机调速存在着固有的结构性缺陷：机械换向器结构复杂，导致成本增加，同时机械强度低，电刷容易磨损，需要经常维护，影响运行的可靠性等。

　　交流电动机调速有同步电动机调速和异步电动机调速两种。同步电动机的气隙磁场由电枢电流和励磁电流共同产生，其磁通量值不仅取决于这两个电流的大小，还与工作状态有关；异步电动机电枢与励磁同在一个绕组，两者间存在强烈的耦合，不能简单地通过控制电枢电压或电流来准确控制气隙磁通进而控制电磁转矩，难以精确实现电动机的速度控制。但因其结构简单、维修方便、价格便宜，在工业控制等领域得到广泛应用。本任务着重介绍交流三相异步电动机的调速原理及方法。

2. 三相异步电动机调速原理

1）三相异步电动机旋转原理

　　如图 6-1-1 所示，当向三相定子绕组中通入对称的三相交流电时，就产生了一个沿定子和转子顺时针方向，以同步转速 n_0 旋转的磁场。由于旋转磁场以 n_0 转速旋转，转子导体在开始时是静止的，故转子导体将切割定子旋转磁场而产生感应电动势（感应电动势的方向用右手定则判定）。由于转子导体两端被短路环短接，在感应电动势的作用下，转子导体中将产生与感应电动势方向一致的感生电流。转子的载流导体在定子磁场中受到电磁力的作用（力的方向用左手定则判定）。电磁力对转子产生电磁转矩，驱动转子沿着旋转磁场方向旋转。

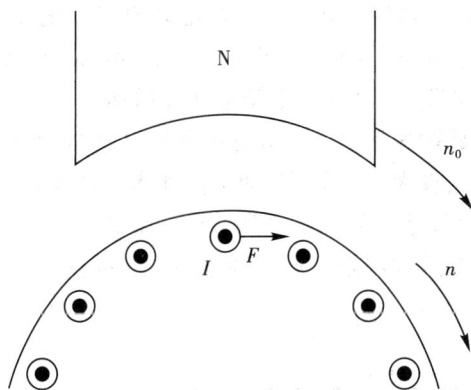

图 6-1-1　异步电动机旋转原理

2）旋转磁场的产生

旋转磁场实际上是三个交变磁场合成的结果。这三个交变磁场应满足：

（1）在空间位置上互差 120° 电角度。这一点由定子三相绕组的布置来保证；

（2）在时间上互差 120° 相位角（或 1/3 周期）。这一点由通入的三相交变电流来保证。

3）电动机转速

产生转子电流的必要条件是转子绕组切割定子磁场的磁力线。因此，转子的转速 n 必须低于定子磁场的转速 n_0，两者之差称为转差：

$$\Delta n = n_0 - n$$

转差与定子磁场转速（常称为同步转速）之比称为转差率：

$$s = \frac{\Delta n}{n_0}$$

同步转速 n_0：

$$n_0 = \frac{60f}{p}$$

式中，f 为输入电流的频率，p 为旋转磁场的磁极对数。

由此可得转子的转速：

$$n = \frac{60f(1-s)}{p}$$

4）异步电动机调速

由转速 $n = 60f(1-s)/p$ 可知异步电动机调速有以下几种方法：

（1）改变磁极对数 p（变磁极对数调速）。定子磁场的磁极对数取决于定子绕组的结构。所以，要改变 p，必须将定子绕组制为可以换接成两种磁极对数的特殊形式。通常一套绕组只能换接成两种磁极对数。

变磁极对数调速的主要优点是设备简单、操作方便、机械特性较硬、效率高，既适用于恒转矩调速，又适用于恒功率调速；其缺点是有极调速，且极数有限，因而只适用于不需平滑调速的场合。

（2）改变转差率 s（变转差率调速）。以改变转差率来进行调速的方法包括定子调压调速、转子变电阻调速、电磁转差离合器调速、串极调速、变频调速等。

① 定子调压调速。当负载转矩一定时，随着电动机定子电压的降低，主磁通减小，转子感应电动势减小，转子电流减小，转子受到的电磁力减小，转差率 s 增大，转速减小，从而达到速度调节的目的；同理，定子电压升高，转速增加。

定子调压调速的优点是调速平滑，采用闭环系统时机械特性较硬，调速范围较宽；其缺点是低速时转差功率损耗较大，功率因数低，电流大，效率低。定子调压调速既非恒转矩调速，也非恒功率调速，比较适合于风机泵类特性的负载。

分体机上的室内风机就是利用定子调压调速的方法进行调速的，其调速原理框图如图6-1-2所示。

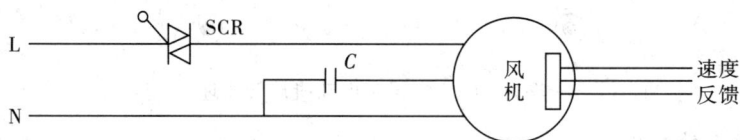

图6-1-2　室内风机调速原理框图

根据风机速度的反馈信号，控制晶闸管 SCR 导通的相角，从而控制风机定子的输入电压，以控制风机的风速。前面讲过，在空间位置上互差120°电角度的三相绕组通以在时间上互差120°相位角（或1/3周期）的三相交变电流可产生旋转磁场，同样，在空间位置上互差180°电角度的两相绕组通以在时间上互差180°相位角（或1/2周期）的两相交变电流也可产生旋转磁场。图6-1-2中，电容 C 的作用就是把一相电流移相，以产生两相在时间上互差180°相位角（或1/2周期）的交变电流，在空间位置上互差180°电角度的两相绕组是由风机的内部结构来保证的。

② 转子变电阻调速。当转子电压一定时，电动机主磁通不变，若减小转子电阻，则转子电流增大，转子受到的电磁力增大，转差率减小，转速降低；同理，增大转子电阻，转速

增加。转子变电阻调速的优点是设备和线路简单，投资不高，但其机械特性较软，调速范围受到一定限制，且低速时转差功率损耗较大，效率低，经济效益差。目前，转子变电阻调速只在一些调速要求不高的场合采用。

③ 电磁转差离合器调速。异步电动机电磁转差离合器调速系统以恒定转速运转的异步电动机为原动机，通过改变电磁转差离合器的励磁电流进行速度调节。

电磁转差离合器由电枢和磁极两部分组成，二者之间没有机械的联系，均可自由旋转。离合器的电枢与异步电动机转子轴相连并以恒速旋转，磁极与工作机械（负载）相连，如图 6-1-3 所示。

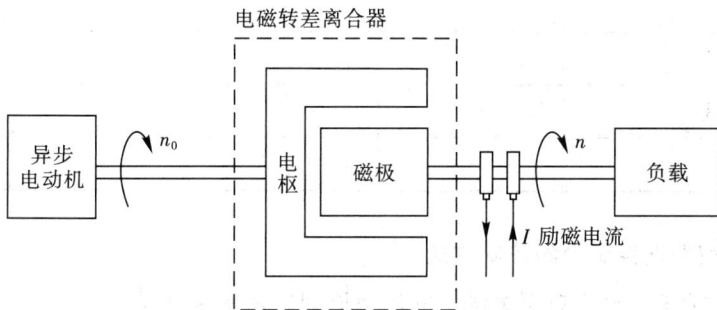

图 6-1-3　电磁转差离合器调速

电磁转差离合器的工作原理：当磁极内励磁电流为零时，电枢与磁极间没有任何电磁联系，磁极与工作机械静止不动，相当于负载被"脱离"；在磁极内通入直流励磁电流后，磁极即产生磁场，由于电枢被异步电动机拖动旋转，因而电枢与磁极间有相对运动而在电枢绕组中产生电流，并产生力矩，磁极将沿着电枢的运转方向旋转，此时相当于负载被"合上"，调节磁极内通入的直流励磁电流大小，就可调节转速。

电磁转差离合器调速的优点是控制简单，运行可靠，能平滑调速，采用闭环控制后可扩大调速范围，适用于通风类或恒转矩类负载；其缺点是低速时损耗大，效率低。

④ 串极调速。前面介绍的定子调压调速、转子变电阻调速、电磁转差离合器调速均存在着转差功率损耗较大、效率低的问题。如何将消耗于转子电阻上的功率利用起来，同时又能提高调速性能呢？串极调速就是在这样的指导思想下提出来的。

串极调速的基本思想是将转子中的转差功率通过变换装置加以利用，以提高设备的效率。串极调速的工作原理实际上是在转子回路中引入了一个与转子绕组感应电动势频率相同的可控的附加电动势，通过控制这个附加电动势的大小来改变转子电流的大小，从而改变转速。

串极调速具有机械特性比较硬、调速平滑、损耗小、效率高等优点，便于向大容量发展，但它也存在着功率因数较低的缺点。

⑤ 变频调速（改变频率 f）。当磁极对数 p 不变时，电动机转子转速与定子电源频率成正比，因此，连续改变供电电源的频率，就可以连续平滑地调节电动机的转速。

异步电动机变频调速具有调速范围广、调速平滑性能好、机械特性较硬的优点，可以方便地实现恒转矩或恒功率调速，整个调速特性与直流电动机调压调速和弱磁调速十分相似，并可与直流调速相媲美。

❖ **任务实施**

1. 准备工作

查找资料，根据典型的应用案例，分析电动机调速控制在不同行业的特点并填写在表6-1-1中。

表6-1-1　交流电动机调速控制行业应用调查表

	时间	设备型号	调速目的	调速方式	优势
典型机床					
中小型轧钢设备					
冶金和矿山机械					
家用空调					

2. 分析典型调速控制中的控制方式

根据查找的资料，分析典型案例中的调速原理以及调速过程。

❖ **任务评价**

交流电动机调速原理任务评分标准如表6-1-2所示，对照评分标准对任务完成情况进行评价打分。

表6-1-2　交流电动机调速原理任务评分标准

任务名称		学生姓名		组别		工位号	
						用时长	
序号	内 容	配分	评 分 标 准				扣 分
1	完成调查表的情况	30	(1) 调查表未填写完全，扣10分； (2) 知识点填写不正确，每个知识点扣2分				
2	原理分析	50	(1) 不能独立完成原理分析，扣25分； (2) 不能完整地描述调速的方法，缺一种扣10分				
3	小组合作	10	未参与小组合作，扣10分				
4	清扫清洁	10	(1) 未按规定拆除导线，扣3分； (2) 未把工具归置还原，扣3分； (3) 未把工作台清理干净，扣4分				

❖ **任务拓展**

查找资料了解直流电动机调速控制是如何进行的。

任务二　变磁极对数调速

❖ 任务目标

（1）正确识读异步电动机变磁极对数调速控制原理图，并会分析其工作原理。

（2）能根据双速感应电动机控制电路原理图，进行电路安装与调试。

❖ 任务分析

双速电动机是变极调速中最常见的一种形式，它是通过改变电动机定子绕组接线来改变磁极对数，从而改变电动机运行速度的，其中定子绕组△联结对应低速，而 YY 联结对应高速。由电工学原理可知，电动机的转速与电动机的磁极对数有关，改变电动机的磁极对数即可改变其转速。对于笼形感应电动机来讲，可通过改变定子绕组的联结方式来改变定子绕组中电流流动的方向，形成不同的磁极对数，进而改变电动机的转速。

❖ 知识链接

1. 变磁极对数调速的原理分析

（1）双速电动机定子绕组的每相均由两个线圈连接而成，线圈之间有导线引出，如图 6-2-1 所示。

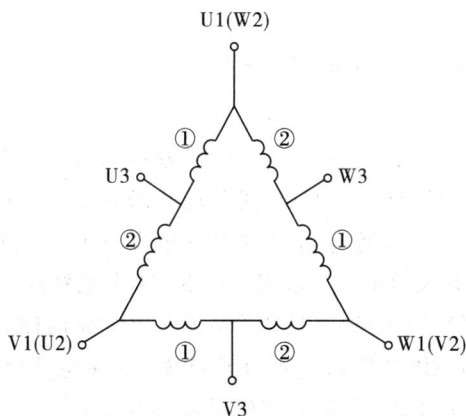

图 6-2-1　双速电动机定子绕组

也就是说，双速电动机定子绕组有 6 个引出端，即 U1（W2）、V1（U2）、W1（V2）、U3、V3、W3。

（2）如图 6-2-2 和图 6-2-3 所示为△/YY（4 极/2 极）定子绕组接线示意图。

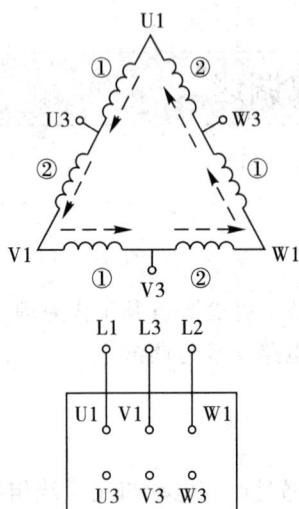

图 6-2-2 △联结(低速)

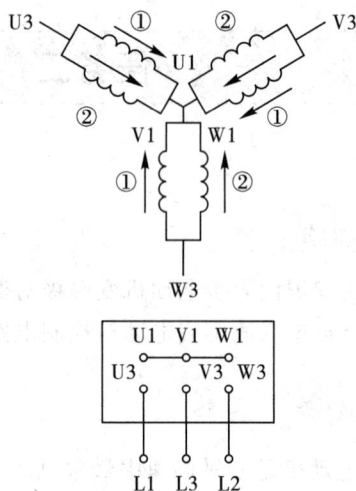

图 6-2-3 YY 联结(高速)

其中,图 6-2-2 表示三相定子绕组△联结(U1、V1、W1 接电源 L1、L2、L3,而接线端 U3、V3、W3 悬空),此时每相绕组中的线圈①、②串联,电流方向如图 6-2-2 中虚线箭头所示,此时电动机以 4 极低速运行。若将电动机定子绕组的 3 个接线端 U3、V3、W3 接三相交流电源,而将另外 3 个引线 U1、V1、W1 连接在一起,则原来三相定子绕组的△联结变为 YY 联结,如图 6-2-3 所示。

此时每相绕组中的线圈①、②并联,电流方向如图中的实线箭头所示,于是电动机以 2 极高速运行。两种接法交换可使磁极对数减少一半,其转速增加一倍。必须注意,当从一种接法改为另一种接法时,为了保证旋转方向不变,应把电源相序反过来,如图 6-2-3 所示。

2. 双速电动机(变磁极对数)调速原理分析

双速电动机调速电路的工作过程如下:

如图 6-2-4 所示,按下启动按钮 SB2,使接触器 KM1 线圈得电吸合并自锁,电动机定子绕组按△联结低速启动运行,KM1 的辅助动断触头 KM1(13-15)断开,确保 KM2、KM3 不能得电,实现互锁;同时通电延时时间继电器 KT 得电自锁,一旦 KT 延时时间到,其延时断开的动断触头 KT(9-11)断开,使 KM1 失电释放,低速启动运行停止,同时 KM1 的辅助动断触头 KM1(13-15)复位闭合,而 KT 的延时闭合的动合触头 KT(3-13)也闭合,使接触器 KM2、KM3 线圈得电吸合并自锁,其主触头闭合,电动机便由低速自动转换为高速运行,实现了自动加速控制,其辅助动断触头 KM3(3-5)、KM2(5-7)断开,使 KT 失电释放,并确保 KM1 线圈不能得电,实现互锁。

时间继电器 KT 自锁触头 KT(7-9)的作用是在 KM1 失电释放后,KT 仍然保持有电,直至进入高速运行,即 KM2、KM3 线圈得电后,KT 失电,这样一方面使控制电路工作可靠,另一方面使 KT 只在换接过程中短时得电,减少了 KT 线圈的能耗。

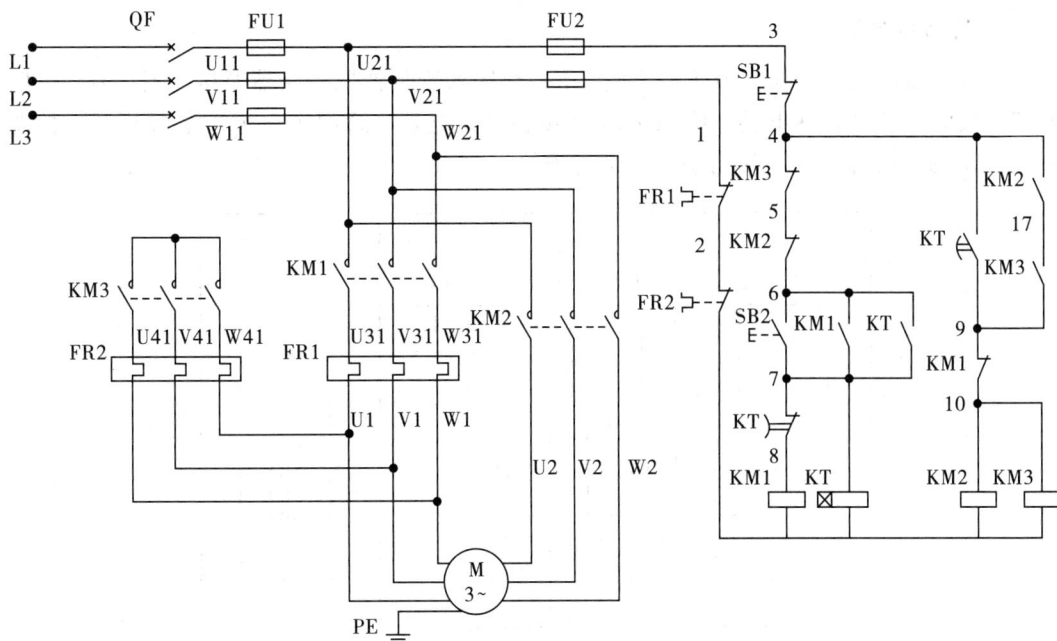

图 6 - 2 - 4　双速电动机调速电路

❖ **任务实施**

1. 准备工作

按控制要求准备工具、仪表、元器件及辅助材料，填写表 6 - 2 - 1 并领料，检查电器元件外观是否完整，检测元器件各项技术指标是否符合规定要求。

表 6 - 2 - 1　变磁极对数调速控制电路元器件领料单

序号	名　称	型 号 与 规 格	单位	数量
1				
2				
3				
4				
5				
6				
7				
8				
9				
10				
11				
12				
13				

2. 绘制布置图

将网孔板由上至下划分为四个区域，第一个区域安装低压断路器及熔断器，第二个区域安装接触器及时间继电器，第三个区域安装热继电器，第四个区域安装端子排，如图6-2-5所示，按钮经端子排与板内元器件连接。

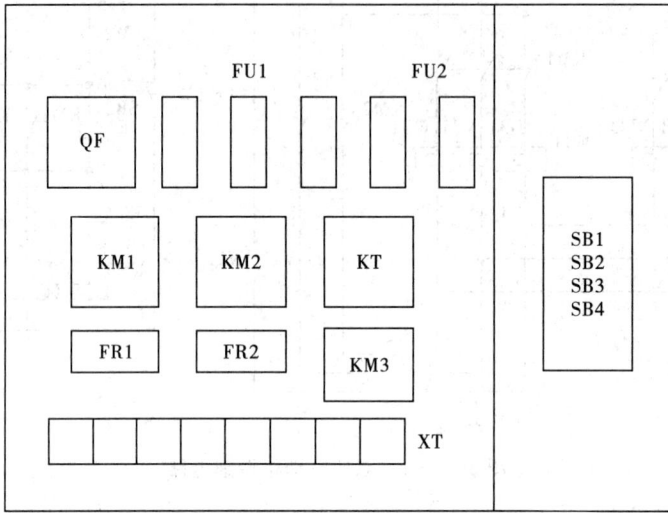

图6-2-5　变磁极对数调速控制电路电器布置

3. 绘制接线图

根据绘制的布置图，在图6-2-6上完成变磁极对数调速控制电路接线图的绘制。按照线槽布线工艺要求进行布线，在导线两端套号码管和冷压头。

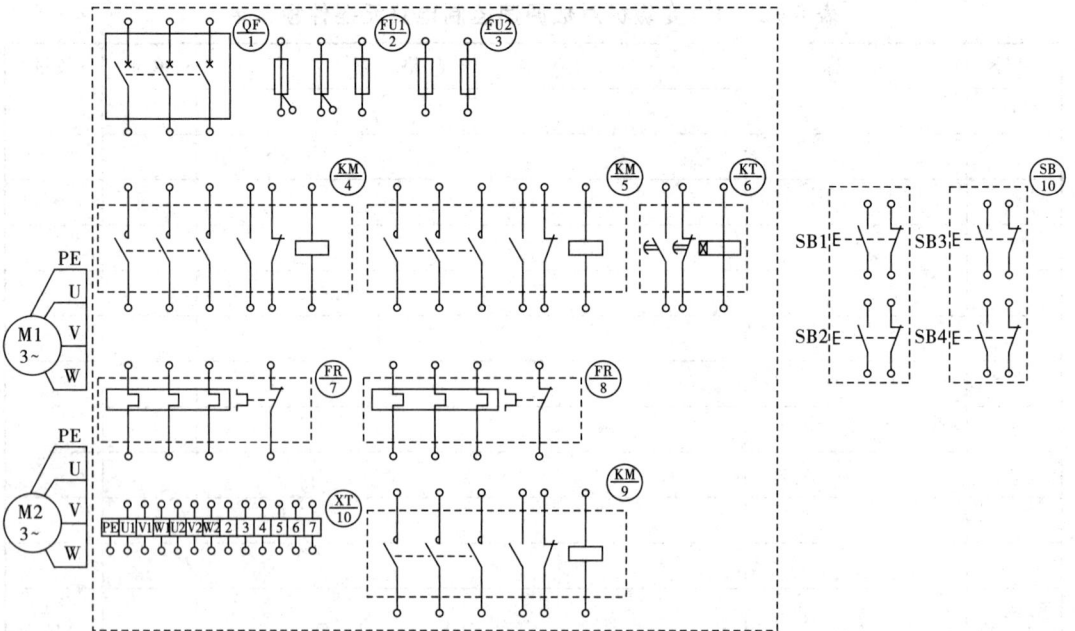

图6-2-6　变磁极对数调速控制电路接线

4. 按图施工

按照图纸要求，完成变磁极对数调速电路安装与调试。布线工艺要求参见项目五任务一。

5. 通电试车

安装完毕后，经过学生自检和教师检查，无误后接通三相电源，通电试车。

（1）导线连接的正确性检查。按电路图或者接线图从电源端开始，逐段核对接线端子处线号是否正确，有无漏接错接。检查导线接点压接是否牢固，是否有露芯过长现象。

（2）电路的通断情况检查。在断开电源的情况下，选用万用表 R×100 或 R×1k 挡，按检测表 6-2-2 要求，将测量的电阻值填入表中，根据测量值判断是否存在接线错误。

表 6-2-2 变磁极对数调速控制电路检测表

检测项目	操 作 方 法	阻值	说 明
主回路	未操作任何电器，测量 L1—U1、L2—V1、L3—W1、L1—U2、L2—V2、L3—W2 之间的电阻		
	压下 KM1 触点架，测量 L1—U1、L2—V1、L3—W1 之间的电阻		
	压下 KM2 触点架，测量 L1—U2、L2—V2、L3—W2 之间的电阻		
控制回路	未操作任何电器，测控制电路电源两端 U21—V21 之间的电阻		
	按下 SB1，测控制电路电源两端 U21—V21 之间的电阻		
	按下 SB2，测控制电路电源两端 U21—V21 之间的电阻		
	压下 KM1，再按下 SB2，测控制电路电源两端 U21—V21 之间的电阻		
	压下 KM1、KM2，测控制电路电源两端 U21—V21 之间的电阻		

6. 故障排除

变磁极对数调速控制电路故障主要体现在电动机 M 无法实现低速到高速的转换，即未能实现变磁极对数调速。将故障现象分析与处理方法填入表 6-2-3 中。

表 6-2-3 变磁极对数调速控制电路常见故障现象分析与处理

操作方法	故障现象	故障分析	故障处理
按下 SB2	M 高速启动，无低速现象		
按下 SB2	M 低速启动，无法转变为高速运行		

7. 清理现场

实训结束后，按 6S 要求清理现场，收拾工具、仪表，整理实训操作台，清扫实训场地，完成任务评价表。

❖ 任务评价

变磁极对数调速控制电路安装与调试任务评分标准如表 6-2-4 所示，对照评分标准对任务完成情况进行评价打分。

表 6-2-4 变极调速控制电路安装与调试评分标准

任务名称		学生姓名		组别		工位号	
						用时长	
序号	内容	配分	评 分 标 准			扣分	
1	安装元器件	10	(1) 不按电器布置图安装，扣 10 分； (2) 元器件安装不牢固，每只扣 2 分； (3) 损坏元器件，每只扣 5 分				
2	布线工艺	20	(1) 不按电气原理图接线，扣 15 分； (2) 布线不进线槽、不美观，扣 10 分； (3) 接点松动、露芯过长、压绝缘层等，每处扣 1 分				
3	通电试车	50	(1) 第一次试车不成功，扣 25 分； (2) 第二次试车不成功，扣 35 分； (3) 第三次试车不成功，扣 50 分				
4	安全文明	10	违反安全文明生产，扣 10 分				
5	清扫清洁	10	(1) 未按规定拆除导线，扣 3 分； (2) 未把工具归置还原，扣 3 分； (3) 未把工作台清理干净，扣 4 分				

❖ 任务拓展

如图 6-2-7 所示，分析此电路工作过程以及调速原理。

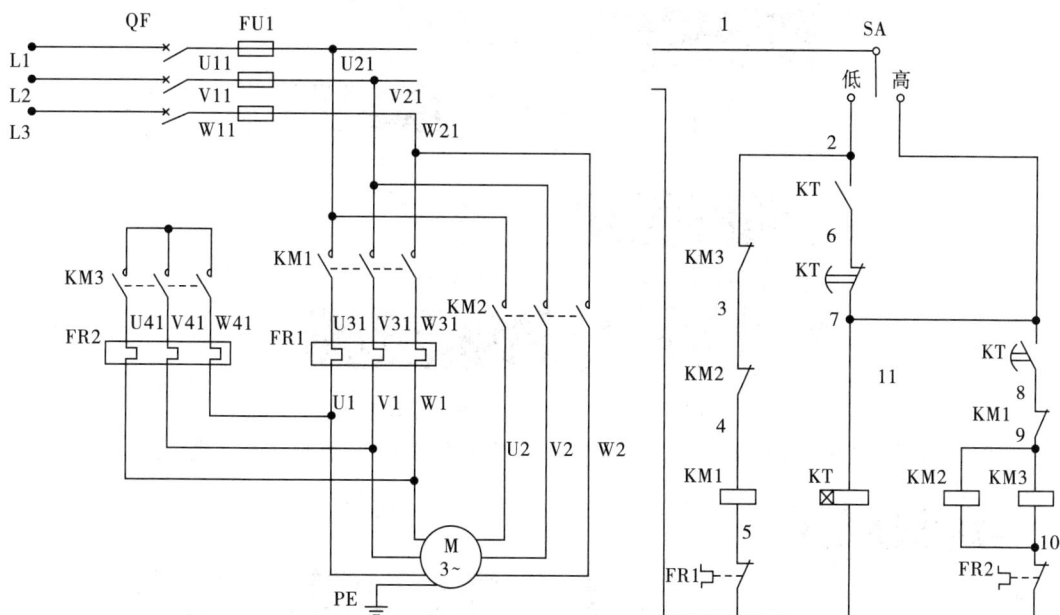

图 6 - 2 - 7

任务三　变频调速

❖ **任务目标**

（1）掌握异步电动机变频调速控制原理。

（2）掌握通用变频器参数设置方法，并会进行参数设定。

❖ **任务分析**

使用变频器对异步电动机进行调速控制，需要设置频率指令和启动指令。将启动指令设为 ON 后电动机便开始运转，同时由频率指令（设定频率）来决定电动机的转速。熟练掌握变频器的面板操作方法是使用变频器的基本技能。

❖ **知识链接**

1. 采用变频器对电动机进行调速控制

（1）工作模式切换。按 MODE 键，变频器可以在监视模式、参数设定模式和报警历史模式之间切换。其工作模式切换示意图如图 6 - 3 - 1 所示。

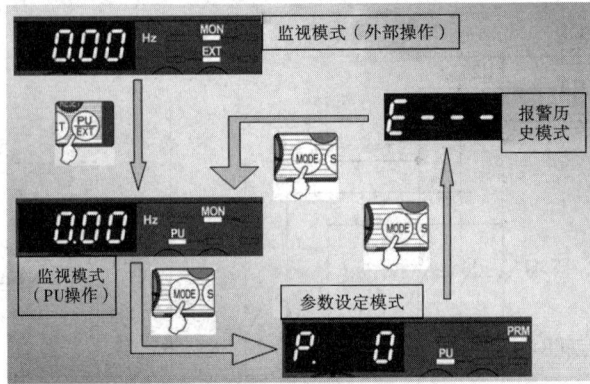

图 6-3-1 变频器工作模式切换

（2）监视模式下的 PU 基本操作。PU 基本操作示意图如图 6-3-2 所示。

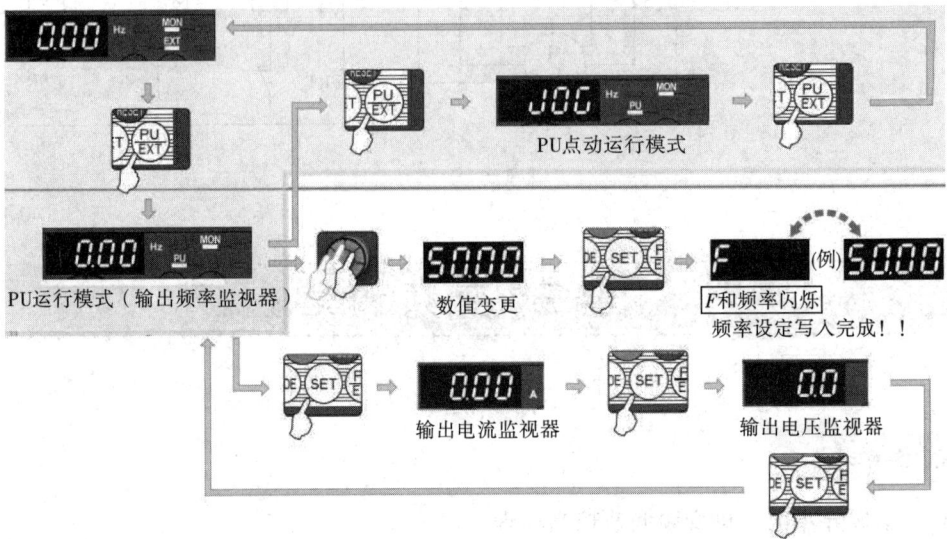

图 6-3-2 PU 基本操作

（3）参数设置基本操作。参数设置基本操作示意图如图 6-3-3 所示。

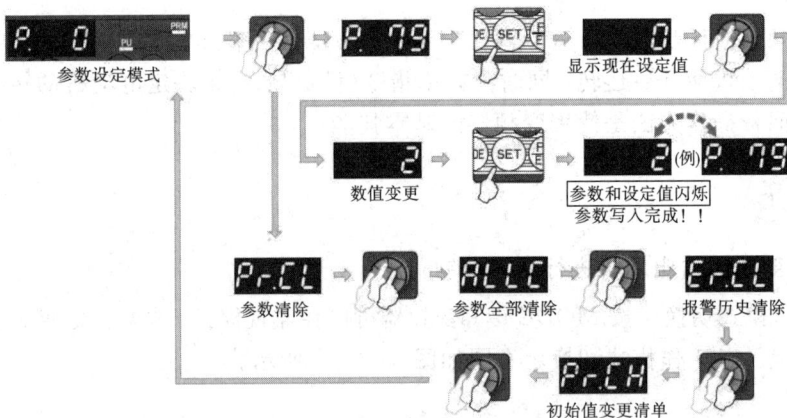

图 6-3-3 参数设置基本操作

注意：初始时只显示简单模式参数，通过 Pr.160 参数设置可显示扩展模式参数。具体参数设置如表 6-3-1 所示。

表 6-3-1　Pr.160 参数设置

Pr.160	内　　容
9999（初始值）	只显示简单模式参数
0	可显示简单模式参数和扩展模式参数

（4）参数清除操作。清除的意思是恢复到出厂设定。参数清除操作只能在 PU 模式下进行。一般有两种清除："参数清除"和"参数全部清除"，"参数清除"是将除了校正参数、端子功能选择参数等之外的参数全部恢复，详见使用手册。

（5）运行模式设置。运行模式可通过预置参数 Pr.79 确定，也可通过如图 6-3-4 所示的简单操作来完成运行模式选择。

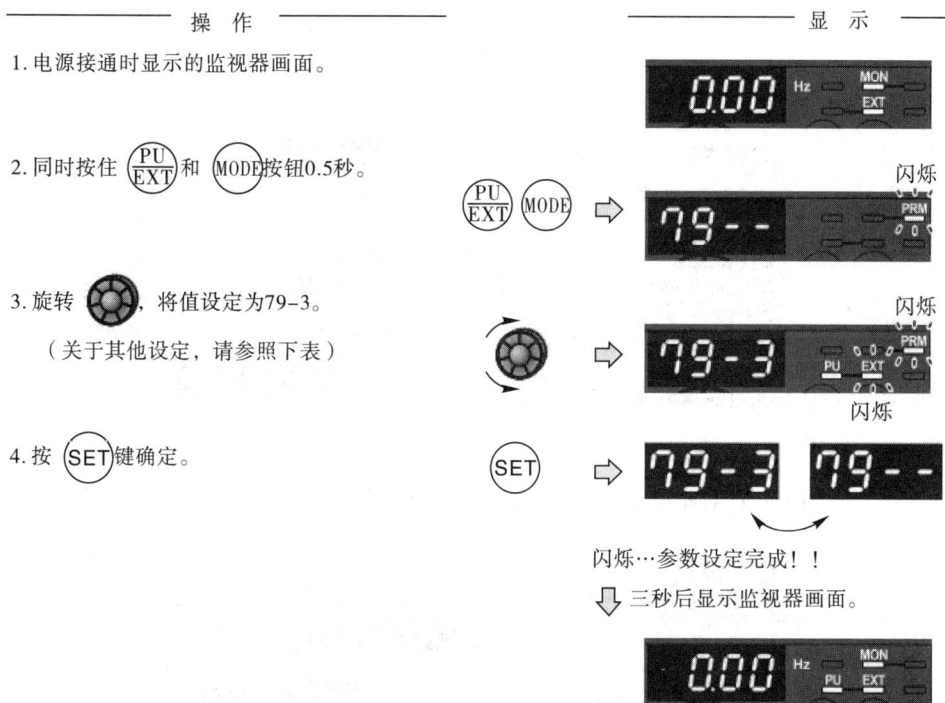

图 6-3-4　变频器运行模式设置

2. 变频器的操作方式

变频器运行的 PU 操作，指不需要控制变频器端子的接线，完全通过操作面板上的按键来控制各类生产机械的运行。

变频器运行的外部操作，指变频器的运行频率和启停信号是通过改变变频器外部端子的接线来完成，而不是通过操作面板输入的。

（1）PU 操作试运行（点动运行）。PU 操作的点动运行设定如图 6-3-5 所示。

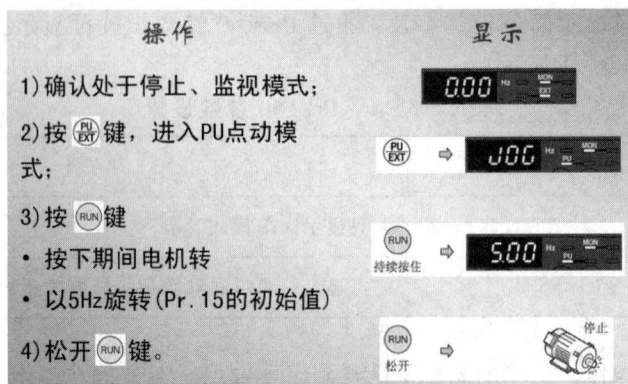

图 6-3-5　变频器 PU 操作的点动运行设定

（2）PU 操作连续运行。以 30 Hz 速度连续运行的设定如图 6-3-6 所示。

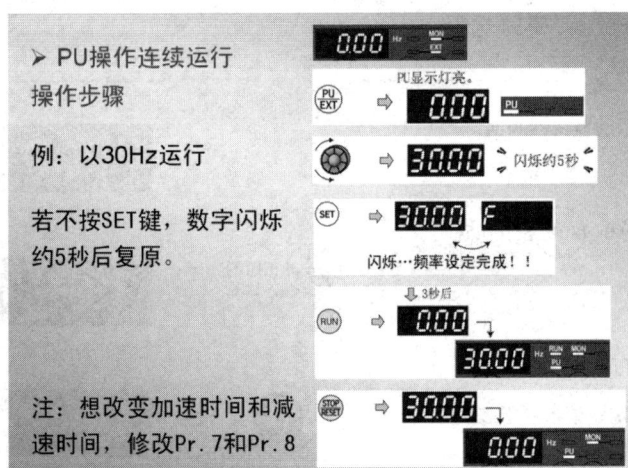

图 6-3-6　变频器 PU 操作的连续运行设定

（3）将 M 旋钮作为调速电位器的连续运行。其旋钮设定如图 6-3-7 所示。

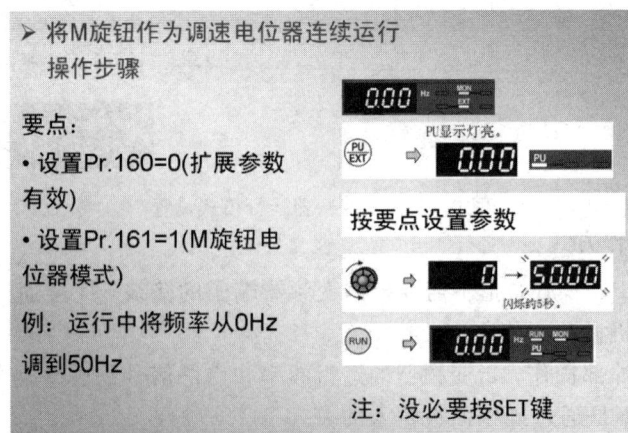

图 6-3-7　将 M 旋钮作为调速电位器的连续运行设定

（4）PU 操作下的正反转控制。通过改变 Pr.40 的参数实现正反转控制。其正反转设定如图 6-3-8 所示。

Pr.40＝0，正转；

Pr.40＝1，反转。

改变 Pr.40 的值，重复 1 或 2。

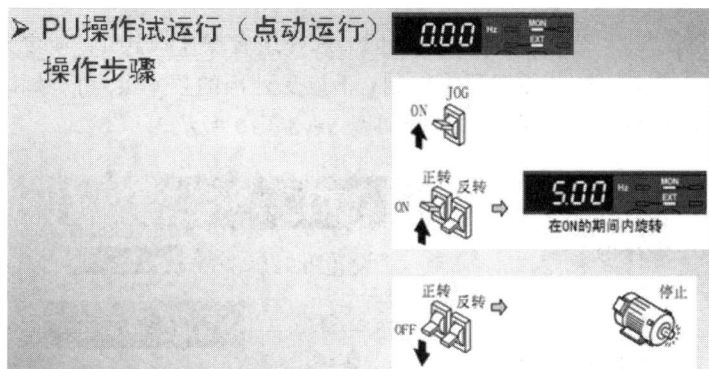

图 6-3-8　变频器 PU 操作的正反转设定

（5）外部操作试运行（点动运行）。D700 系列没有专门的点动端"JOG"，而是通过对 Pr.178-182 进行参数设置，定义 STF、STR、RL、RM、RH 之一为点动运行选择端的。

一般设置 Pr.182 为 5，定义 RH 为"JOG"。

（6）外部操作连续运行。外部操作连续运行的启动指令由 STF 或 STR 发出，频率由电位器设定。其设定如图 6-3-9 所示。

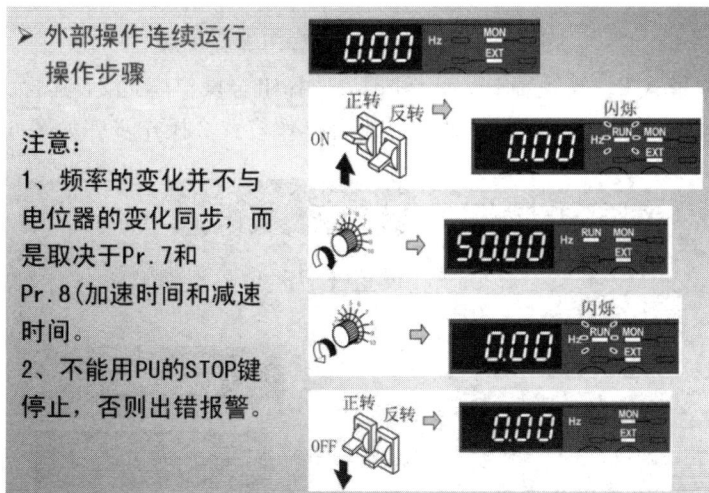

图 6-3-9　变频器外部操作连续运行设定

❖ **任务实施**

参照变频器的参数设置以及操作方式，完成以下任务：

（1）用组合模式 1 完成电动机停止、启动及正反转操作。

（2）用组合模式 2 完成电动机停止、启动及正反转操作。

变频器运行的组合操作是应用面板键盘和外部接线开关共同操作变频器运行的一种方法。其特征是面板上的"PU"灯和"EXT"灯同时发亮，通过预置 Pr.79 的值，可以选择组合操作模式。当预置 Pr.79＝3 时，选择组合操作模式 1；当预置 Pr.79＝4 时，选择组合操作模式 2。

① 组合操作模式 1。当预置 Pr.79＝3 时，选择组合操作模式 1，其含义为：运行频率由面板键盘给定，启动信号由外部开关控制，不接受外部的频率设定信号和 PU 的正反转、停止键的控制。组合操作模式 1 操作步骤如图 6-3-10 所示。

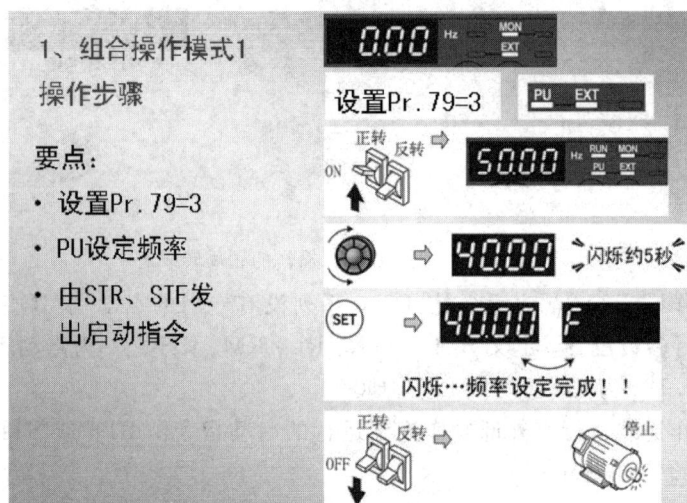

图 6-3-10　组合操作模式 1 操作步骤

② 组合操作模式 2。当预置 Pr.79＝4 时，选择组合操作模式 2，其含义为：启动信号由 PU 控制，运行频率由外部电位器调节。组合操作模式 2 操作步骤如图 6-3-11 所示。

图 6-3-11　组合操作模式 2 操作步骤

❖ 任务评价

变频器控制电路安装与调试任务评分标准如表6-3-2所示，对照评分标准对任务完成情况进行评价打分。

表6-3-2　变频器控制电路安装与调试任务评分标准

任务名称		学生姓名		组别		工位号	
						用时长	
序号	内　容		配分	评　分　标　准			得分
1		工作模式切换	5	掌握变频器工作模式切换参数设定			
2		PU模式基本操作	5	掌握PU模式基本操作			
3	参数设定	参数设定基本操作	5	掌握参数设定基本操作			
4		参数清除操作	5	会进行参数清除操作			
5		运行模式设置	5	会通过运行模式设置相关参数			
6		PU操作运行	10	能够通过参数设置完成点动运行			
7		PU操作连续运行	15	能够通过参数设置完成连续运行			
8	操作方式	M旋钮设定	20	会通过M旋钮作为电位器调速进行连续运行			
9		PU操作模式实现正反转控制	30	会通过参数设定完成正反转控制			

❖ 任务拓展

根据不同的任务要求，分析变频器的参数设定操作方式，能分析故障原因，并进行故障排除。

任务四　绕线式异步电动机转子串电阻的调速控制

❖ 任务目标

（1）正确识读绕线式异步电动机转子串电阻电路原理图，并会分析调速控制原理。

（2）能根据绕线式异步电动机转子串电阻的调速控制电路原理图，安装调试电路。

❖ 任务分析

在生产实践中，对调速无特殊要求的生产机械，可以采用绕线式异步电动机转子串电阻来进行调速控制。

❖ 知识链接

绕线式异步电动机转子串电阻的调速控制电路如图 6-4-1 所示。

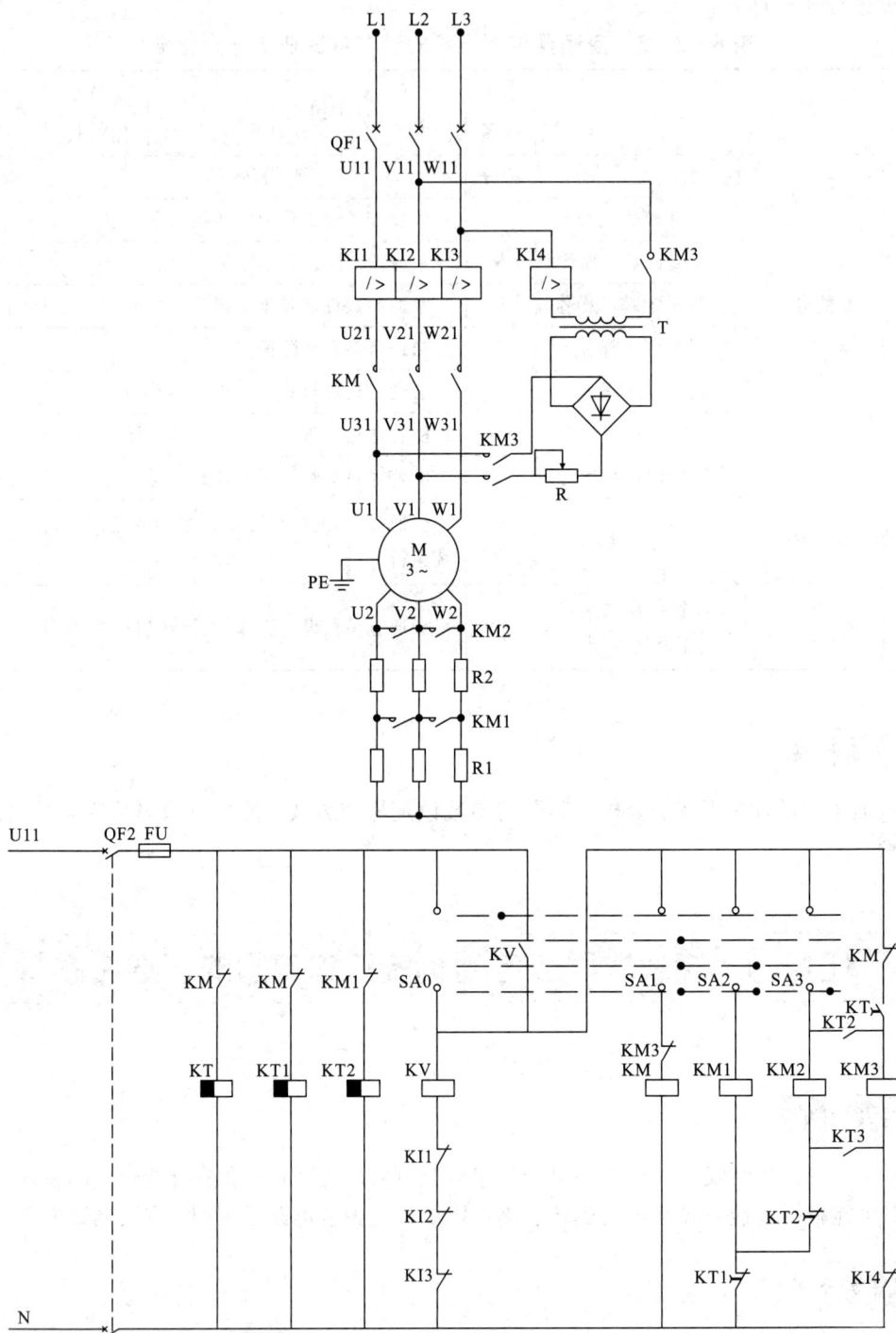

图 6-4-1　绕线式异步电动机转子串电阻的调速控制电路

绕线式异步电动机转子串电阻调速控制的工作过程：

1）启动前的准备

先将主令控制器 SA 的手柄置到"0"位，再合上电源开关 QF1、QF2，则零位继电器 KV 线圈通电并自锁。KT1、KT2 线圈得电，其常闭动断触点瞬时打开，确保 KM1、KM2 线圈断电。

2）启动控制

将 SA 的手柄推向 3 位，SA 的触点 SA1、SA2、SA3 均接通，KM 线圈通电，则 KM 的主触点闭合，电动机接入交流电源，电动机在转子串两段电阻的情况下启动。同时，KT 线圈得电，其常开触点瞬时闭合。KM 的动断触点打开，KT1 线圈断电开始延时，当延时结束时，KT1 常闭触点延时闭合，KM1 线圈通电，KM1 的常开触点闭合，切除电阻 R1，同时 KM1 的常闭触点断开，KT2 线圈断电开始延时，当延时结束时，KT2 的常闭触点闭合，KM2 线圈通电切除电阻 R2，启动结束。

3）制动控制

当进行制动时，将主令控制器 SA 的手柄扳回"0"位，KM、KM1、KM2 线圈均断电，电动机切除交流电源。同时，KT1、KT2 线圈得电。则 KM 的常闭触点闭合，KM3 线圈通电，电动机接入直流电源进行能耗制动；同时，KM2 线圈通电，电动机在转子短接全部电阻的情况下进行能耗制动。KM 的常开触点断开，KT 线圈断电开始延时，当延时结束时，KT 延时断开的常开触点断开，KM2、KM3 线圈均断电，制动结束。

4）调速控制过程

当需要电动机在低速下运行时，可将主令控制器 SA 手柄推向"1"位或"2"位，则电动机的转子在串入一段电阻或不串入电阻的情况下以较高速度运转。

5）保护控制

过电流继电器 KI1、KI2、KI3 对主电路作过电流保护，KI4 对制动变压电路作过电流保护。

❖ **任务实施**

1．准备工作

按控制要求准备工具、仪表、元器件及辅助材料，填写表 6-4-1 并领料，检查电器元件外观是否完整，检测元器件各项技术指标是否符合规定要求。

表 6-4-1　绕线式异步电动机转子串电阻的调速控制电路元器件领料单

序号	名　称	型号与规格	单位	数量
1				
2				
3				
4				

序号	名 称	型 号 与 规 格	单位	数量
5				
6				
7				
8				
9				
10				
11				
12				
13				

2. 绘制布置图

将网孔板由上至下划分为四个区域，第一个区域安装电源开关及熔断器，第二个区域安装接触器，第三个区域安装继电器，第四个区域安装端子排，如图 6-4-2 所示，按钮经端子排与板内元器件连接。

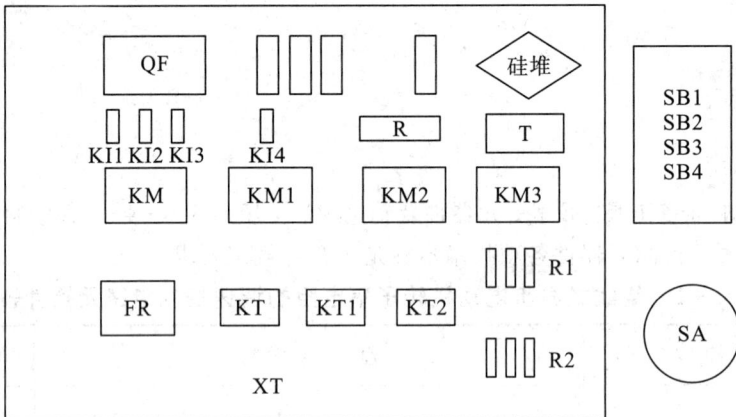

图 6-4-2　绕线式异步电动机转子串电阻的调速控制电路布置

3. 绘制接线图

根据绘制的布置图，在图 6-4-3 完成绕线式异步电动机转子串电阻的调速控制电路接线图的绘制。按照线槽布线工艺要求进行布线，在导线两端套号码管和冷压头。

图 6-4-3　绕线式异步电动机转子串电阻的调速控制电路接线

4. 按图施工

按照图纸要求，完成绕线式异步电动机转子串电阻的调速控制电路的安装与调试。布线工艺要求详见项目五任务一。

5. 通电试车

安装完毕后，经过学生自检和教师检查，无误后接通三相电源，通电试车。

（1）导线连接的正确性检查。按电路图或者接线图从电源端开始，逐段核对接线端子处线号是否正确，有无漏接错接。检查导线接点压接是否牢固，是否有露芯过长现象。

（2）电路的通断情况检查。在断开电源的情况下，选用万用表 R×100 或 R×1k 挡，按检测表 6-4-2 要求，将测量的阻值填入表中，根据测量值判断是否存在接线错误、有无其他影响因素。

表 6-4-2　绕线式异步电动机转子串电阻的调速控制电路检测表

检测项目	操作方法	阻值	说明
主回路	未操作任何电器，测 L1—U1、L2—V1、L3—W1、L1—U2、L2—V2、L3—W2 之间的阻值		
	压下 KM、KM1 触点架，测量 L1—U1、L2—V1、L3—W1 之间的阻值		
	压下 KM、KM2 触点架，测量 L1—U2、L2—V2、L3—W2 之间的阻值		

检测项目	操作方法	阻值	说明
控制回路	未操作任何电器，测量控制回路电源两端 U11—N 之间的阻值		
	按下 SB1，测量控制回路电源两端 U11—N 之间的阻值		
	按下 SB2，测量控制回路电源两端 U11—N 之间的阻值		
	压下 KM1 再按下 SB2，测量控制回路电源两端 U11—N 之间的阻值		
	压下 KM1、KM2，测量控制回路电源两端 U11—N 之间的阻值		
	压下 KM1、KM2，按下 SB3，测量控制回路电源两端 U11—N 之间的阻值		

6. 清理现场

实训结束后，按 6S 要求清理现场，收拾工具、仪表，整理实训操作台，清扫实训场地，完成任务评价表。

❖ 任务评价

绕线式异步电动机转子串电阻的调速控制电路安装与调试任务评分标准如表 6 - 4 - 3 所示，对照评分标准对任务完成情况进行评价打分。

表 6 - 4 - 3　　绕线式异步电动机转子串电阻的调速控制电路安装与调试任务评分标准

任务名称		学生姓名		组别		工位号	
						用时长	
序号	内容	配分	评分标准			得分	
1	安装元器件	10	(1) 不按电器布置图安装，扣 10 分； (2) 元器件安装不牢固，每只扣 2 分； (3) 损坏元器件，每只扣 5 分				
2	布线工艺	20	(1) 不按电气原理图接线，扣 15 分； (2) 布线不进线槽、不美观，扣 10 分； (3) 接点松动、露芯过长、压绝缘层等，每处扣 1 分				
3	通电试车	50	(1) 第一次试车不成功，扣 25 分； (2) 第二次试车不成功，扣 35 分； (3) 第三次试车不成功，扣 50 分				
4	安全文明	10	违反安全文明生产，扣 10 分				
5	清扫清洁	10	(1) 未按规定拆除导线，扣 3 分； (2) 未把工具归置还原，扣 3 分； (3) 未把工作台清理干净，扣 4 分				

任务五　电磁调速电动机调速

❖ **任务目标**

（1）正确认识电磁调速电动机。

（2）掌握电磁调速电动机的调速原理。

（3）能通过电磁调速电动机的调速原理，进行电动机的故障分析与排除。

❖ **任务分析**

通过对电磁调速电动机调速的学习，掌握调速原理以及故障分析。

❖ **知识链接**

1. 电磁调速电动机简介

电磁调速电动机也称滑差电动机，国外称 VS 电动机、AS 电动机或 EC 电动机。它是一种交流恒转矩调速电动机，通过晶闸管控制可实现交流无极调速，适用于恒转矩负载的各种机械设备，在矿山、冶金、纺织、化工、造纸、印染、水泥等行业得到广泛应用。当将其用于变负荷的风机、水泵时，可以转速控制代替传统的节流控制，取得显著的节能效果。

目前常用电磁调速电动机的规格型号如下：

1）YCT 系列电磁调速电动机

目前，我国生产的 YCT 系列电磁调速电动机是全国统一设计的，是取代 JZT 系列电动机的更新产品，也是目前我国推广的节能产品之一。

该产品型号含义如下：

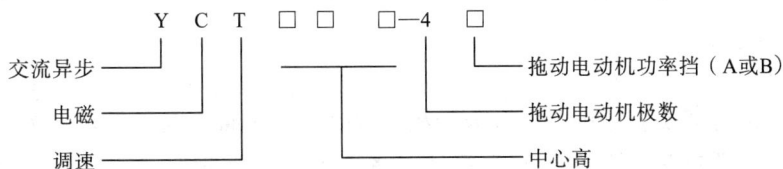

2）YDCT 系列换极式电磁调速电动机

YDCT 系列电磁调速电动机是 YCT 系列电磁调速电动机的派生产品。它采用 YD 系列 4/6 极双速三相异步电动机作为拖动电动机，与 JZT6、JZT7 型换极式调速电动机控制器配套使用，可实现宽范围无级调速，并且随着转速的变化，交流异步电动机能自动进行 4 极和 6 极切换。

3）YCTD 系列低电阻电枢电磁调速电动机

YCTD 系列低电阻电枢电磁调速电动机是风机、泵类专用的电磁调速电动机。由于 JZT 和 YCT 系列电磁调速电动机的电磁转差离合器均采用实心钢电枢结构，涡流电阻率高，因此转差率大，电动机运行效率较低。近年来，我国根据国外电磁调速电动机的发展趋势和英国 J. DAVIES 教授提出的"低电阻端环电枢"和"电枢分层"理论，在 YCT 系列基础上，采用低电阻端环技术研制成功了 YCTD 系列风机、泵类专用电磁调速电动机。该系列产品最高输出转速高达原动机额定转速的 95% 左右，与 YCT 系列相比，效率提高 10% 以上，使调速节能和使用效果更加显著。

2. 电磁调速电动机的结构

目前国产的 YCT 电磁调速电动机的结构有两种，一种是以中、小型电机为主的组合式结构，这种电磁调速电动机的型号有 YCT 系列和 JZT2(JZT) 系列 1～7 号机座。

另一种是整体式结构，即将异步电动机与电磁转差离合器组装在一个机壳内成为一个整体，电动机转子部分套在空心轴上，空心轴通过轴承装在电动机两端盖上。这种调速电动机的型号有 JZTT(JZTT2) 系列、JZ2(JZT) 系列 8～9 号机座。

电磁调速电动机是由三相交流笼型异步电动机、电磁转差离合器、测速发电机及控制装置等组成。其组合式外形结构如图 6-5-1 所示。

图 6-5-1　电磁调速电动机组合式外形结构

1）三相交流笼型异步电动机

三相交流笼型异步电动机是作为原动机来拖动电磁转差离合器电枢一起旋转的，功率为 0.6～100 kW。

2）电磁转差离合器

电磁转差离合器实质上也是一台电动机，借磁场作用将主动轴的转矩传递到从动轴，即输出轴。离合器有两个旋转部分，一个是电枢，另一个是磁极，如图 6-5-2 所示。

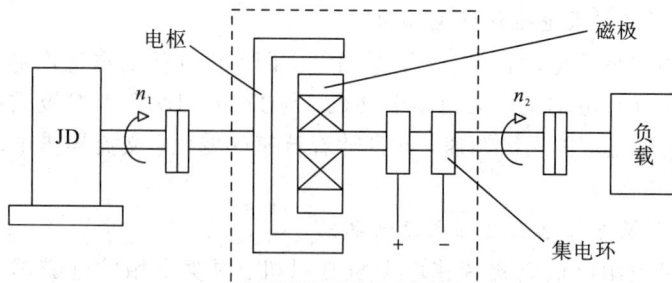

图 6-5-2　电磁转差离合器结构

（1）电枢也叫转子，为圆筒形钢体，具有导磁、导电的作用，直接装在异步电动机的输出轴上，作为主动外转子，其转速与异步电动机同步。在电枢上铸有或装有风叶、散热筋，起散热作用。

（2）磁极为一对相互交叉的爪极，通过非磁性材料将两个爪极焊接成为一个整体，装在输出轴上。磁极与电枢之间形成气隙，两者之间无机械硬连接，如图 6-5-2 所示。磁极上装有励磁绕组，通过集电环由直流电源供电，对线圈励磁。

电枢作为主动转子与三相异步电动机转子硬连接以恒速旋转，磁极作为从动转子在电枢与静止导磁部分之间旋转，并输出转矩，带动生产机械运转。电磁转差离合器是一个传递转矩的装置，它把原动机（异步电动机）发出的转矩通过电磁作用传递到负载上。传递的转矩和转速与电磁转差离合器励磁电流的大小有关。当励磁绕组不通电时，从动部分不会转动，相当于离合器分离。直流励磁电流越大，输出的转矩也越大。

3）测速发电机

测速发电机为三相永磁式测速发电机，它与电磁转差离合器输出轴共轴，起转速负反馈作用，控制电磁转差离合器的输出转速，使电磁转差离合器稳速运转，实现自动调速。

3. 电磁调速电动机的工作原理

电磁调速电动机的无极调速主要是通过电磁转差离合器来实现的。当磁极上的励磁线圈通入直流电流后，沿磁极圆周交替产生 N、S 极，如图 6-5-3 所示。

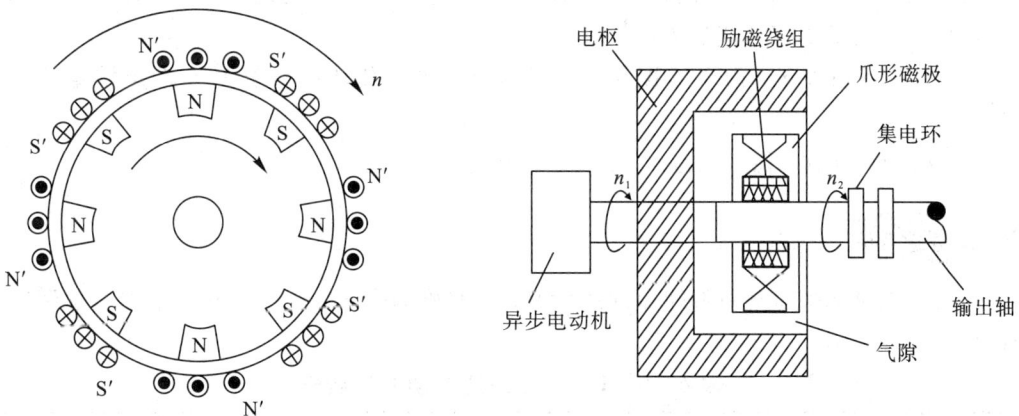

图 6-5-3　电磁转差离合器

磁力线通过爪形磁极 — 气隙 — 电枢 — 气隙 — 爪形磁极形成闭合回路，在原动机启动后，离合器的电枢就随电动机在磁场中以转速 n_1 旋转，于是电枢与磁极便有了相对运动。根据电磁感应定律可知，电枢切割磁场将产生电动势。由于电枢由整体铸钢做成，就会产生涡流。涡流与磁场互相作用产生电磁力，形成电磁转矩，使磁极带动输出轴随电枢同方向转动。

电磁转差离合器的磁极的转速 n_2 取决于励磁电流的大小，其转速 n_2 必定小于电枢的转速 n_1，即有一定的转差率，若没有 $n_1 - n_2$ 这个转差，电枢中就不能产生涡流，也就没有电磁转矩了，则电枢与磁极就没有相对运动。若改变励磁电流，即改变磁通，电磁转差离合器在一定负载下的转差率也随之改变，从而改变了输出轴的转速，实现了速度调节，因此改变励磁电流的大小,就可以达到调速的目的。

4. 电磁调速电动机的特点

电磁调速电动机的特点如下:

(1)调速范围广,启动性能好,启动转矩大,控制功率小,便于手控、自动和遥控,适用范围广。其调速范围可达 1:10(120~1200 r/min),功率为 0.6~100 kW。

(2)调速平滑,可以进行无级调速,但应注意,在一般情况下,电磁转差离合器在不同的励磁电流下的机械特性是很软的,励磁电流越小,特性越软。为了得到比较硬的机械特性,增大调速范围,提高调速的平滑性,应该采用带转速负反馈的闭环调速系统。

(3)结构简单,运行可靠,维修方便,价格便宜。

(4)电磁转差离合器适用于通风机负载和恒转矩负载,而不适用于恒功率负载。

(5)在低速时效率和输出功率比较低,在一般情况下,电磁转差离合器传递效率的最大值约为 80%~90%。在任何转速下离合器的传递效率 η 可用下式计算:

$$\eta = \frac{n_2}{n_1}$$

式中,n_2—离合器输出转速;n_1—传动电动机转速。

因传递效率的最大值为 80%~90%,故电磁转差离合器最大输出功率约为传动电动机功率的 80%~90%左右。随着输出转速的降低,传递效率亦相应降低,这是因为电枢中的涡流损失与转差(亦即离合器的输出转速和输入转速之差)成正比的缘故,所以这种调速系统不适用于长时期处于低速的生产机械。

(6)存在不可控区,由于摩擦和剩磁的存在,当负载转矩小于 10%额定转矩时可能失控。

(7)机械特性软,稳定性差。

❖ **任务实施**

通过对电磁调速电动机调速原理的学习,按照检测表 6-5-1 要求,排查电磁调速电动机是否出现故障。

表 6-5-1　电磁调速电动机检测表

检测项目	操作方法	检测结果	说明
电磁调速电动机	使用万用表欧姆挡检测励磁绕组和测速发电机的电阻和绝缘电阻阻值(测速发电机通直流电)		绝缘阻值应不小于 0.5 MΩ
	观察输出轴与原动轴的转动有无卡住或扫膛现象		辨别杯型电枢的装配情况
控制器	检查控制器是否与电磁调速电动机配套		
	检查控制器各处接线是否正确、牢固,各插头、插座等是否接触良好		
	调节调速旋钮,观察励磁电压变化是否正常		
	检查原动机、测速发电机、励磁绕组以及各部位接线是否正确		是否与铭牌一致(铭牌上有接线标识以及各项指标)

❖ **任务评价**

　　电磁调速电动机的调速电路安装与调试任务评分标准如表 6-5-2 所示，对照评分标准对任务完成情况进行评价打分。

　　　　表 6-5-2　电磁调速电动机的调速电路安装与调试任务评分标准

任务名称		学生姓名		组别		工位号	
						用时长	
序号	内　　容	配分		评　分　标　准			得分
1	测量电动机电阻和绝缘电阻阻值	20		$R \geqslant 0.5 \ \mathrm{M\Omega}$			
2	机械结构以及各部位接线情况	20		按电工要求接线			
3	励磁电压变化情况	20		是否实现电动机的调速			
4	完成任务实施要求	30		根据任务实施的完成情况进行评分			
5	任务拓展	10		根据任务完成情况进行评分			
总分		100					

❖ **思考练习题**

一、判断题

1. 一台并励直流电动机，若改变电源极性，则电动机转向也改变。　　　　　（　　）

2. 为了改善直流电机的换向性能，换向极绕组必须与电枢绕组并联。　　　　（　　）

3. 串励直流电动机在空载或轻载时转速会很高，所以不允许在空载或轻载下运行。

　　　　　　　　　　　　　　　　　　　　　　　　　　　　　　　　　　　（　　）

4. 一台直流发电机，若把电枢固定不动，电刷与磁极同时旋转，则在电刷两端仍能得到直流电压。　　　　　　　　　　　　　　　　　　　　　　　　　　　　　（　　）

5. 不管异步电动机转子旋转还是静止，定子、转子磁动势都是相对静止的。　（　　）

6. 改变三相交变电流的相序，可以改变三相旋转磁动势的转向。　　　　　　（　　）

7. 三相异步电动机的定子绕组和转子绕组的相数必须相等。　　　　　　　　（　　）

8. 当三相异步电动机转子不动时，转子绕组中电流的频率与定子电流的频率相同。

　　　　　　　　　　　　　　　　　　　　　　　　　　　　　　　　　　　（　　）

9. 三相绕线转子异步电动机转子回路串入电阻可以增大启动转矩，串入电阻值越大，启动转矩也越大。　　　　　　　　　　　　　　　　　　　　　　　　　　　（　　）

10. 异步电动机如果轻载（欠载）运行，则效率低，不经济，造成"大马拉小车"，但功率因数高，对电网运行有利。　　　　　　　　　　　　　　　　　　　　　　　（　　）

11. 三相鼠笼异步电动机 Y 联结启动时的启动电流是△联结启动电流的 1/3。（　　）

12. 三相交流异步电动机在缺相运行状态下，会低速甚至堵转，定子电流很大。
（　　）

13. 三相异步电动机的变极调速只能用在笼型转子电动机上。　　　　（　　）

二、简答题

1. 如何改变并励直流电动机的旋转方向？

2. 何谓电枢反应？电枢反应对气隙磁场有何影响？

3. 三相鼠笼式异步电动机和三相绕线异步电动机各有哪些调速方法？

项目七

典型机床电气控制电路的安装与调试

【项目概述】

任何复杂的电气控制系统，都是由一些基本控制环节构成的，在分析机械设备的控制电路时，应先将其分解成基本环节，在了解机械运动的基础上，结合生产工艺和机械设备按电气控制要求对基本环节进行分析，最后看整体，达到对整个电气控制系统的理解。

通过本项目的学习，了解典型机床电气控制电路，学会识读电路图，掌握分析控制电路的方法，为今后进行机械设备的电气控制电路的设计、安装、调整和运行维护打下基础。

任务一　CA6140 型卧式车床电气控制电路的安装与调试

❖ 任务目标

（1）正确识读 CA6140 型卧式车床的控制电路原理图，结合车床的结构及运动形式，能对卧式车床机械运动进行分析。

（2）能根据 CA6140 型卧式车床的电力拖动特点及控制要求，对其中的部分电路进行安装调试。

（3）掌握 CA6140 型卧式车床的常见故障，并能分析故障原因和对其进行检修。

（4）遵守 6S 管理规定，做到安全文明规范操作。

❖ 任务分析

通过学习常用 CA6140 型卧式机床的结构、运动形式、用途和典型机床的正确使用和维护方法，了解电气设备上机械装置、电气系统、液压部分之间的配合关系。

通过对 CA6140 型卧式机床控制电路的分析，加深对机床控制环节的理解，掌握生产机械、机床等电气设备的设计、安装、调试及其故障检修方法。

❖ **知识链接**

1. CA6140 型卧式车床型号的含义

卧式车床的型号及含义如下：

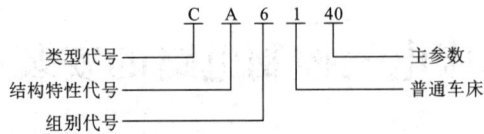

```
              C  A  6  1  40
类型代号 ————————'  |  |  |  |  '———————— 主参数
结构特性代号 ————————'  |  |  '———————— 普通车床
组别代号 ————————'
```

其中，类型代号 C 表示车床；机构特性代号 A 表示第一次重大改进；组别代号 6 表示落地及普通车床；1 表示普通车床；40 是指机床加工工件的最大直径为 400 mm。

2. CA6140 型卧式车床结构

CA6140 型卧式车床主要由主轴、拖板、尾座、床身、床腿、光杠、丝杠、刀架快速移动电动机（简称溜板箱）、进给箱、挂轮等部分组成。车床结构示意图如图 7-1-1 所示。

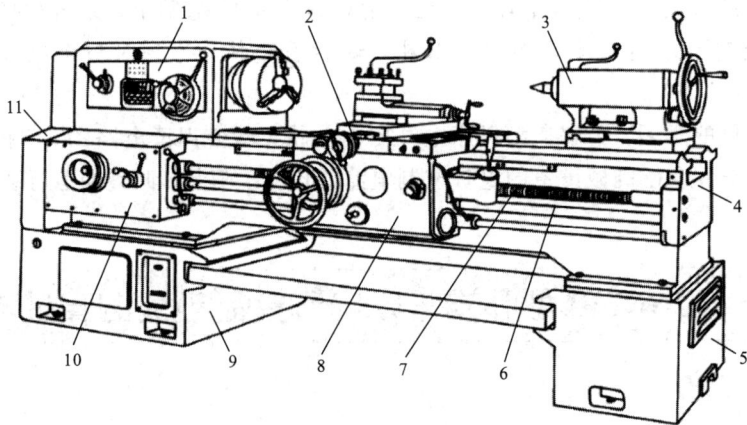

1—主轴；2—拖板；3—尾座；4—床身；5、9—床腿；6—光杠；7—丝杠；8—溜板箱；10—进给箱；11—挂轮

图 7-1-1　车床结构

3. 车床运动形式

车床运动形式有切削运动和辅助运动，切削运动包括工件的旋转运动（主运动）和刀具的直线进给运动。车床可完成的工件加工如图 7-1-2 所示。

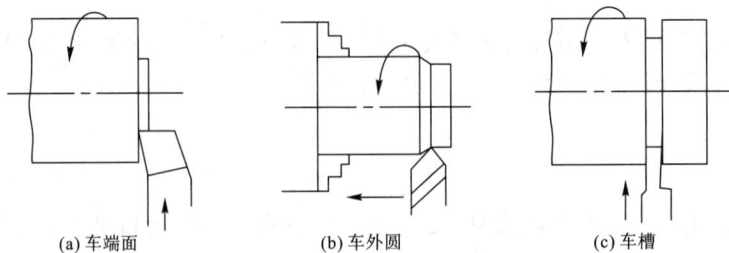

(a) 车端面　　　　　　(b) 车外圆　　　　　　(c) 车槽

图 7-1-2　车床可完成的工件加工

1）主运动

主运动是主轴通过卡盘带动工件旋转，主轴的旋转轴是由主轴电动机经传动机构拖动

的，因工件材料性质、车刀材料及几何形状、工作直径、加工方式及冷却条件不同，要求主轴有不同的切削速度。

在加工螺钉时，还要求主轴能够正、反转，主轴的变速是由主轴电动机经 V 带传递到主轴变速箱实现的，由机械部分实现正、反转和调速。CA6140 型卧式车床的主轴正转速度有 24 种（10～1400 r/min），反转速度有 12 种（14～1580 r/min）。

2）进给运动

车床的进给运动是指刀架带动刀具的纵向或横向直线运动。溜板箱把丝杠或光杠的转动传递给刀架部分，通过变换溜板箱外的手柄位置，可使车刀作纵向或横向进给。

刀架的进给运动也是由主轴电动机拖动的，运动方式有手动和自动两种。

3）辅助运动

辅助运动指刀架的快速移动、尾架的移动以及工件的夹紧与放松等。

4. 电力拖动方式及控制要求

（1）主轴电动机一般选用三相鼠笼式异步电动机。为满足加工螺纹的要求，主运动和进给运动采用同一台电动机拖动。为满足调速要求，只用机械调速，不进行电气调速。

（2）主轴能够正、反转，满足螺纹加工要求。

（3）主轴电动机的启动、停止采用按钮操作。

（4）刀架的快速移动，应由单独的快速移动电动机来拖动并采用点动控制。

（5）为防止切削过程中刀具和工件温度过高，需要切削液进行冷却，因此要配有冷却泵。

（6）电路必须有相应的保护环节，如过载、短路、欠电压、失电压保护等。

5. 机床控制原理及电路分析

1）主电路分析

CA6140 型卧式车床的主电路如图 7-1-3 所示。

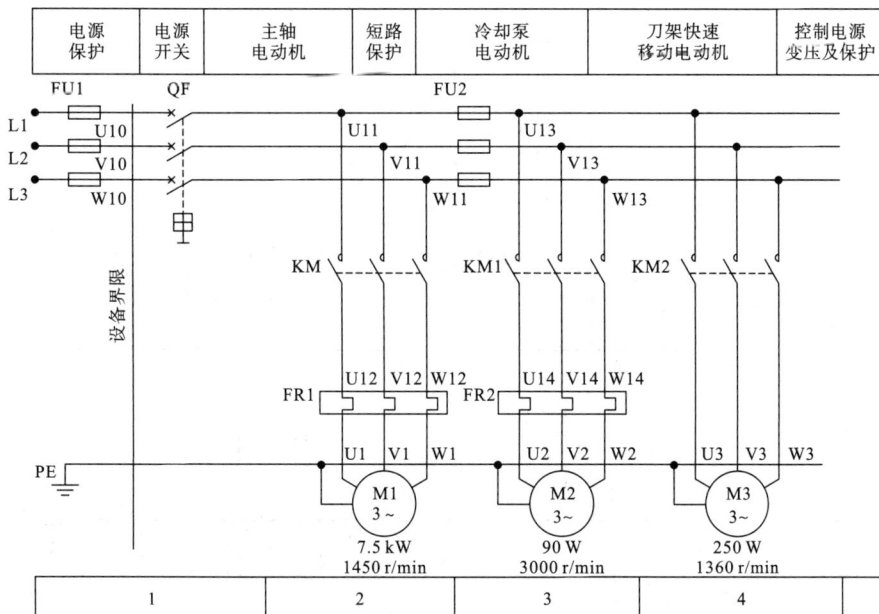

图 7-1-3　CA6140 型卧式车床的主电路

主电路有三台电动机：M1 为主轴电动机，带动主轴旋转和刀架进给运动；M2 为冷却泵电动机，用来输送切削液；M3 为刀架快速移动电动机。

主轴电动机 M1 由交流接触器 KM 控制，热继电器 FR1 作过载保护，熔断器 FU1 作总短路保护。

冷却泵电动机 M2 由交流接触器 KM1 控制，热继电器 FR2 作过载保护。

刀架快速移动电动机 M3 由交流接触器 KM2 控制，是点动控制，故未设置过载保护。

2）控制电路分析

CA6140 型卧式车床的控制电路如图 7 - 1 - 4 所示。

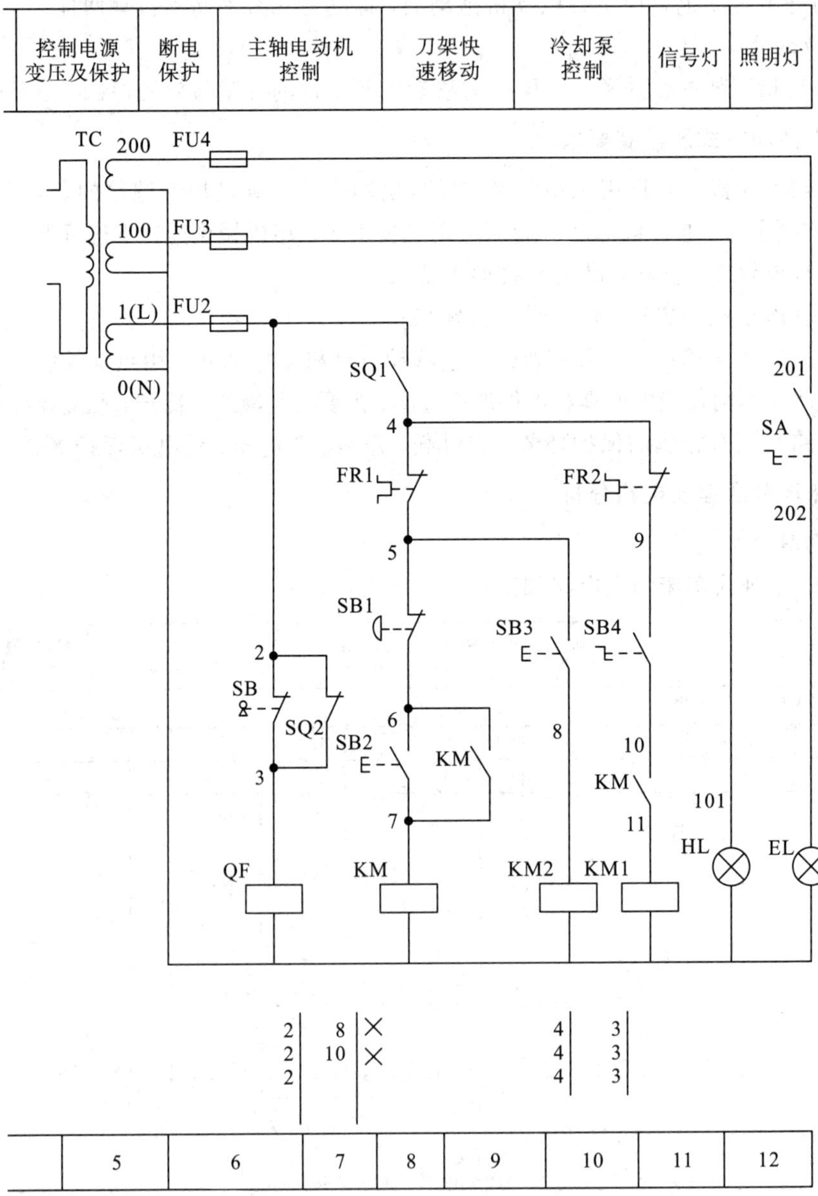

图 7 - 1 - 4 CA6140 型卧式车床的控制电路

（1）主要控制电路。

机床主要控制电路的电源是由控制变压器 TC 二次侧提供的 220V 电压。在正常工作时，行程开关 SQ1 的常开触点是闭合的，由机床传动带罩保护，只有在机床传动带罩被打开时，SQ1 的常开触点才断开，从而切断控制电路电源，确保人身安全。

主电路采用型号规格为 AM2 - 40 25A（机床断路器带分动脱扣器）的塑壳断路器 QF。在正常工作时，钥匙开关 SB 和行程开关 SQ2 的常闭触点是断开的，断路器 QF 线圈不得电，主触头能合闸，断路器 QF 正常工作。当需要紧急停车时，闭合钥匙开关 SB，或者打开配电盘门，行程开关 SQ2 闭合，塑壳断路器 QF 的线圈得电，其主触头自动断开切断三相电源，确保维修人员和设备的安全。

主电路三台电动机的控制过程如下：

① 主轴电动机控制。先保证 SQ1 处于闭合状态，再按下启动按钮 SB2，交流接触器 KM 的线圈得电，主触点闭合，主轴电动机 M1 启动，辅助触点 KM(6 - 7)闭合自锁，同时接触器的辅助触点 KM(10 - 11)闭合，为冷却泵电动机启动做好准备。

② 冷却泵电动机控制。在主轴电动机启动后，交流接触器 KM 的辅助触点 KM(10 - 11)闭合。将旋钮开关 SB4 闭合，交流接触器 KM1 的线圈得电，其主触点吸合，冷却泵电动机 M2 启动；将 SB4 断开，KM1 的线圈失电复位，冷却泵电动机停止。若按下停止按钮 SB1，主轴电动机停止，KM1 的线圈失电，冷却泵电动机也自动停止。

③ 刀架快速移动电动机控制。刀架快速移动电动机 M3 采用点动控制。按住按钮 SB3，交流接触器 KM2 的线圈得电，其触点吸合，快速移动电动机 M3 启动；松开 SB3，交流接触器 KM2 的线圈失电复位，电动机 M3 停止。

（2）辅助控制电路。

辅助控制电路包括照明和信号灯电路。

① 信号灯 HL 的电源电压为 6 V，接通电源后，控制变压器 TC 输出电压，信号灯 HL 直接得电发光，作为电源信号灯。

② 照明灯 EL 的电源电压为 24 V，将旋钮开关 SA 旋合，则灯 EL 亮；将 SA 旋开，则灯 EL 灭。

❖ **任务实施**

1. 准备工作

按控制要求准备工具、仪表、元器件及辅助材料，填写主要元器件清单表 7 - 1 - 1 并领料，检查电器元件外观是否完整，检测元器件各项技术指标是否符合规定要求。

表 7 - 1 - 1　　CA6140 型卧式车床电气控制电路的主要元器件清单表

序号	名　称	型 号 与 规 格	单位	数量
1				
2				
3				
4				
5				
6				
7				
8				
9				
10				
11				

2. 绘制布置图

　　将网孔板由上至下划分为低压断路器及熔断器安装区、接触器安装区，热继电器安装区及端子排等四个区域，外部按钮与盒内开关经端子排与板内元器件连接。在图 7 - 1 - 5 空白处绘制 CA6140 型卧式车床电气控制电路的电器布置图。

图 7 - 1 - 5　CA6140 型卧式车床电气控制电路电器布置

3. 绘制接线图

在图 7-1-6 空白处绘制 CA6140 型卧式车床的主轴电动机控制、刀架快速移动及冷却泵控制电路接线图。按照线槽布线工艺要求进行布线，在导线两端套号码管和冷压头。

图 7-1-6　CA6140 型卧式车床控制电路接线

4. 按图施工

按照图纸要求，完成 CA6140 型卧式车床电气控制电路的电路安装与调试。

5. 通电试车

安装完毕后，经过学生自检和教师检查，无误后接通三相电源，通电试车。

（1）导线连接的正确性检查。按电路图或者接线图从电源端开始，逐段核对接线端子处线号是否正确，有无漏接错接。检查导线接点压接是否牢固，是否有露芯过长现象。

（2）电路的通断情况检查。在断开电源的情况下，选用万用表 R×100 或 R×1k 挡，按检测表 7-1-2 要求，将测量的阻值填入表中，根据测量值判断是否存在接线错误。

（3）通电试车。合上低压断路器，依据控制要求，依次按下启动按钮 SB2、SB4，观察电动机 M1、M2 是否依次启动；按下 SB1，观察电动机 M1、M2 是否同时停止。

（4）试车成功后，断开电源，拆除导线，整理工具材料和操作台。

表 7 - 1 - 2　CA6140 型卧式车床电气控制电路检测表

检测项目	内容	操作方法	阻值	说明
主回路	检查主轴电动机(7.5 kW)电路	按下 KM，测量 L1—U1、L2—V1、L3—W1 之间的电阻		
	检查冷却泵电动机(90 W)电路	按下 KM1，测量 L1—U2、L2—V2、L3—W2 之间的电阻		
	检查刀架快速移动电动机(250 W)电路	按下 KM2，测量 L1—U3、L2—V3、L3—W3 之间的电阻		
控制回路	控制电路	手动闭合 SQ1，测量任意一条支路的电阻		
	检测主轴电动机控制电路	合上 SB2，测量 L—N 之间的电阻；合上 KM，再次测量 L—N 之间的电阻		
	检测冷却泵电动机控制电路	合上 SB3，测量 L—N 之间的电阻		
	检查刀架移动控制电路	合上 KM 及 SB4，测量 L—N 之间的电阻		
	检查指示灯电路	检测 HL 及 EL 支路，测量 L—N 之间的电阻		

6. 故障排除

普通车床的工作过程是由电气与机械、液压系统紧密结合实现的，在维修中不仅要注意电气部分能否正常工作，也要注意它与机械和液压部分的协调关系。下面以普通车床几种常见电气故障为例进行分析，将检测结果填写在 CA6140 型卧式车床维修工作票中。

CA6140 型卧式车床维修工作票

工作票编号 NO：

发票日期：　　年　　月　　日

工位号	
工作任务	根据 CA6140 型卧式车床的原理图完成电路的故障检测和排除
工作时间	自　　年　　月　　日　　时　　分　至　　年　　月　　日　　时　　分
工作条件	检测及排故过程停电；观察故障现象和排故后通电试车
工作许可人签名	
维修要求	1. 在工作许可人签名后方可进行检修； 2. 不得擅自改变原电路接线，不得更改电路和元器件位置；不得新增故障； 3. 对电路进行检测，确定电路的故障点并排除； 4. 严格遵守电工操作安全规程，正确使用工具和仪表仪表，规范操作
故障现象描述	
故障检测和排除过程	
故障点描述	

7. 清理现场

实训结束后，按 6S 要求清理现场，收拾工具、仪表，整理实训操作台，清扫实训场地，完成任务评价表。

❖ **任务评价**

CA6140 型卧式车床电气控制电路安装与调试任务评分标准如表 7 - 1 - 3 所示，对照评分标准对任务完成情况进行评价打分。

表 7 - 1 - 3　CA6140 型卧式车床电气控制电路的安装与调试任务评分标准

任务名称		学生姓名		组别		工位号	
						用时长	
序号	内　容	配分	评 分 标 准				得分
1	机床型号	10	掌握机床型号，能说出型号代表的意义				
2	机床结构分析	20	掌握机床的主要结构及各结构间的联系，说出机床结构的作用				
3	机床运动分析	20	掌握机床主要运动形式，说出各运动间的联系				
4	机床故障分析方法	20	了解故障分析方法，掌握使用万用表等工具检测方法，会进行故障判断				
5	机床故障分析过程	30	掌握故障分析一般过程，针对具体故障现象能进行有条理的分析，并进行故障检修排除				

❖ **任务拓展**

分析 CA6140 型车床电气控制电路中运用了前面所学的哪些基本控制电路。

❖ **思考练习题**

一、单选题

1. 由 CA6140 型卧式车床电气原理图可知，车床上照明灯的电源是（　　）。

A. AC 24 V　　　　　　　　　B. AC 110 V

C. AC 220 V　　　　　　　　　D. AC 380 V

2. 刀架快速移动电动机的控制属于（　　）。

A. 单方向连续运行　　　　　　B. 点动控制

C. 正反转控制　　　　　　　　D. 手动控制

3. 车床 CA6140 加工螺纹的运动控制属于（　　）。

A. 单方向连续运行　　　　　　B. 点动控制

C. 正反转控制　　　　　　　　D. 手动控制

二、判断题

1. 主轴电动机采用热继电器实现短路保护。　　　　　　　　　　　　　（　　　）

2. 车床的主运动是主轴的旋转运动。　　　　　　　　　　　　　　　　（　　　）

三、读图题

阅读 CA6140 型卧式车床电气原理图,回答如下问题:

1. 照明灯的电压为_____V,信号灯的电压为_____V,交流接触器 KM 的线圈电压是_____V。

2. 刀架快速移动电动机受交流接触器_____的控制。冷却泵电动机受交流接触器_____的控制。

任务二　M7130 型平面磨床电气控制电路的安装与调试

❖ 任务目标

(1) 正确识读 M7130 型平面磨床的电气控制电路原理图,结合车床的结构及运动形式,能对卧式车床机械运动进行分析。

(2) 能根据 M7130 型平面磨床的电力拖动特点及控制要求,对其中的部分电路进行安装调试。

(3) 掌握 M7130 型平面磨床的常见故障,能分析故障原因并对其进行检修。

(4) 遵守 6S 管理规定,做到安全文明规范操作。

❖ 任务分析

在前面任务中我们学习了 CA6140 型卧式车床的控制、线路安装及检修相关内容,接下来我们将学习 M7130 型平面磨床的控制电路安装及检修方面的内容。

❖ 知识链接

1. M7130 型平面磨床型号的含义

磨床是用磨具和磨料(如砂轮、砂带、油石、研磨剂等)对工件的表面进行磨削加工的一种机床,它可以加工各种表面,如平面、内外圆柱面、圆锥面和螺旋面等。磨削加工可使工件的形状及表面的精度、光洁度达到预期的要求,还可以进行切断加工。

平面磨床的型号及含义如下:

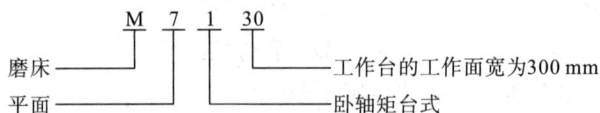

```
          M  7  1  30
磨床 ─────┘  │  │  └───── 工作台的工作面宽为300 mm
平面 ────────┘  └──────── 卧轴矩台式
```

2. M7130 型平面磨床的主要结构

M7130 型平面磨床主要由床身、工作台、立柱、电磁吸盘、砂轮箱、砂轮箱横向移动手轮、滑座、活塞杆等组成，其控制结构主要由砂轮电动机、电磁吸盘、冷却泵电动机、液压泵电动机等组成。M7130 型平面磨床实物结构和控制结构如图 7 - 2 - 1(a)、(b)所示。

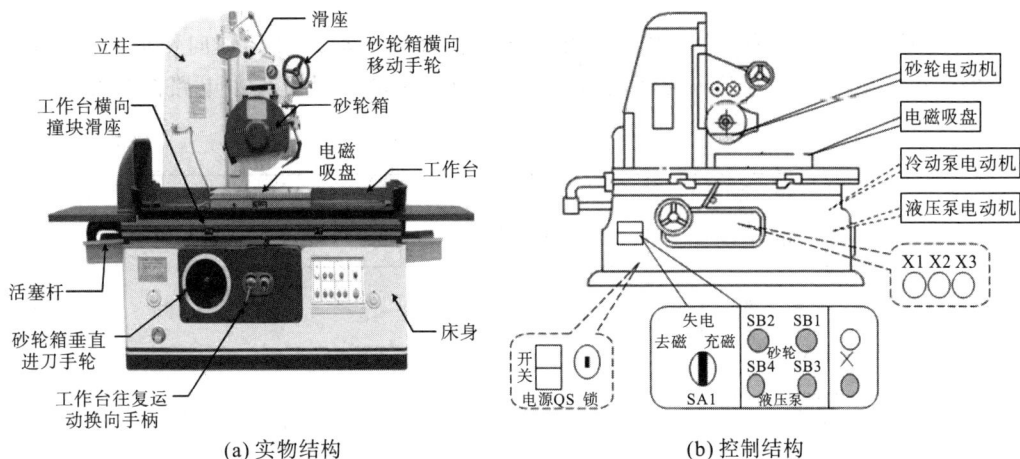

(a) 实物结构　　　　　　　　　　　(b) 控制结构

图 7 - 2 - 1　M7130 型平面磨床

3. M7130 型平面磨床的主要运动形式

M7130 型平面磨床的主运动是砂轮的旋转运动，进给运动分垂直、横向和纵向三个方向的运动。在工作时，砂轮箱在滑座上作横向水平运动，砂轮作旋转运动并沿其轴向作横向进给运动。工件固定在工作台上，工作台作直线往返运动。在矩形工作台完成纵向行程时，砂轮作横向进给，当加工整个平面时，砂轮作垂直方向的进给，以完成整个平面的加工。M7130 型平面磨床的主要运动形式如图 7 - 2 - 2 所示。

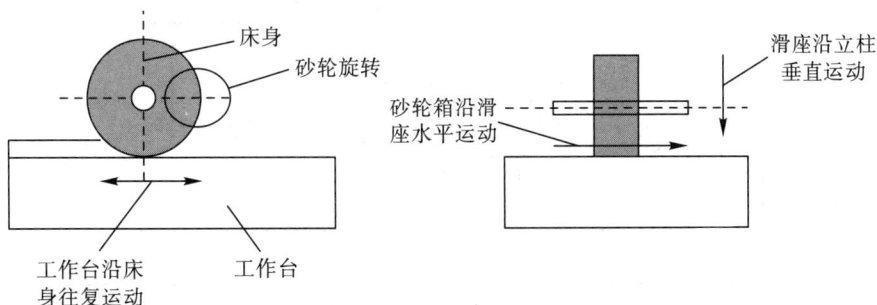

图 7 - 2 - 2　M7130 型平面磨床的主要运动形式

4. 电力拖动方式及控制要求

(1) M7130 型平面磨床的主运动是由一台砂轮电动机带动砂轮的旋转实现的。砂轮架由一台交流电动机带动，使砂轮在垂直方向作快速移动；砂轮在垂直方向上可进行手动控制进给和液压自动进给。

(2) 工件的纵向和横向进给运动由工作台的纵向往返运动和横向移动实现。

（3）工件的夹紧采用电磁吸盘，励磁电压由一台直流发电机提供。

（4）冷却液由一台冷却泵电动机带动冷却泵供给。

（5）液压系统的压力油由一台交流电动机带动液压泵提供。

5. 机床控制原理及电路分析

1）主电路分析

主电路有三台电动机：M1 为砂轮电动机，作旋转运动并沿其轴向作横向进给运动；M2 为冷却泵电动机，用来输送切削液；M3 为液压泵电动机。其主电路图如图 7 - 2 - 3 所示。

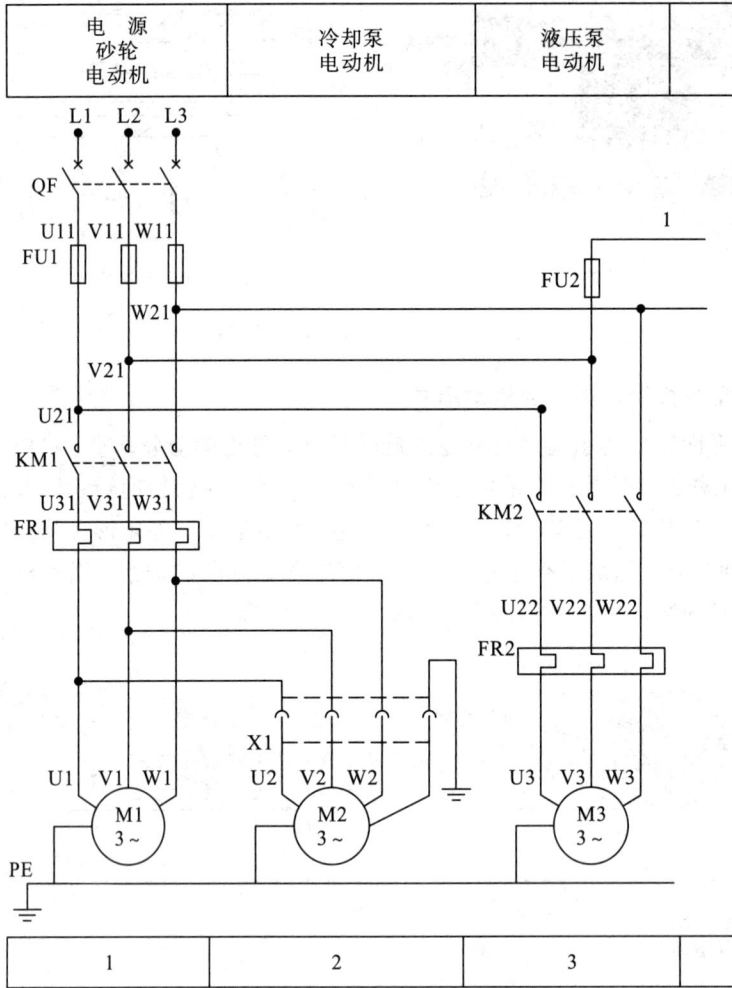

图 7 - 2 - 3　M7130 型平面磨床的主电路

砂轮电动机 M1 由接触器 KM1 控制，热继电器 FR1 作过载保护，熔断器 FU1 作总短路保护。

冷却泵电动机 M2 由 X1 插接与砂轮电动机并联控制。

液压泵电动机 M3 由接触器 KM2 控制，热继电器 FR2 作过载保护。

2）控制电路分析

（1）砂轮及液压泵控制电路。由按钮 SB1、SB2 与接触器 KM1 构成砂轮电动机 M1 单方向旋转启动或停止控制电路；由按钮 SB3、SB4 与 KM2 构成液压泵电动机单方向启动或停止控制电路。砂轮及液压泵控制电路如图 7-2-4 所示。

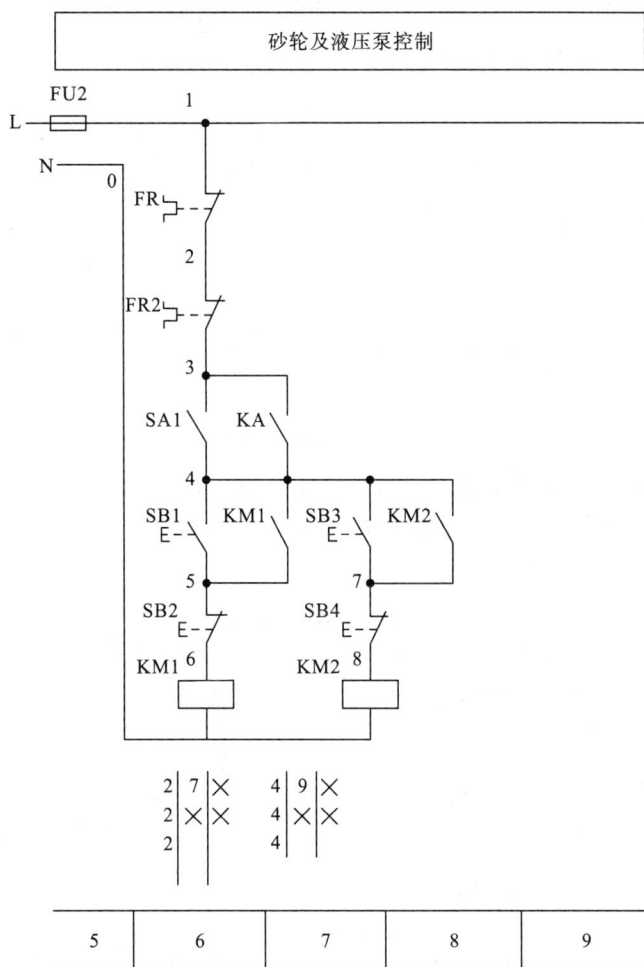

图 7-2-4　砂轮及液压泵控制电路

（2）电磁吸盘控制电路。电磁吸盘是用来吸持工件进行磨削加工的。整个电磁吸盘是钢制的箱体，在它的中部凸起的铁芯的芯体上绕有电磁线圈。电磁吸盘的线圈通过直流电，使得铁芯被磁化，磁力线经钢制吸盘体、钢制盖板、工件形成闭合回路，将工件牢牢吸住。电磁吸盘结构如图 7-2-5 所示。

电磁吸盘的线圈不能用交流电，因为通过交流电会使工件产生振动并使铁芯发热。

钢制盖板被由非导磁材料构成的隔磁层分成很多条，其作用是使磁力线通过工件后再形成闭合回路，而不是直接通过钢制盖板形成闭合回路。

电磁吸盘与机械夹紧装置相比，其优点是不损伤工件，操作快速简单，磨削中工件发热可自由伸缩，不会变形；缺点是只能吸持磁导性材料的工件（如钢制、铁制等材料），对非磁导材料的工件没有吸力。

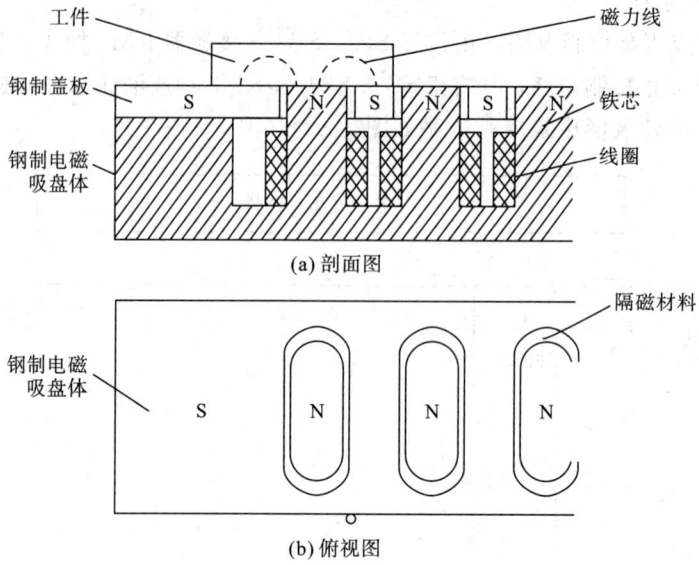

(a) 剖面图

(b) 俯视图

图 7-2-5　电磁吸盘结构

电磁吸盘控制电路由整流装置、控制装置及保护装置等几部分组成。电磁吸盘整流装置由整流变压器 T2 与桥式全波整流器 VD 组成，输出 110 V 直流电压对电磁吸盘供电。电磁吸盘控制电路如图 7-2-6 所示。

整流变压器	整流电路	充磁去磁	欠电压欠电流保护	电磁吸盘

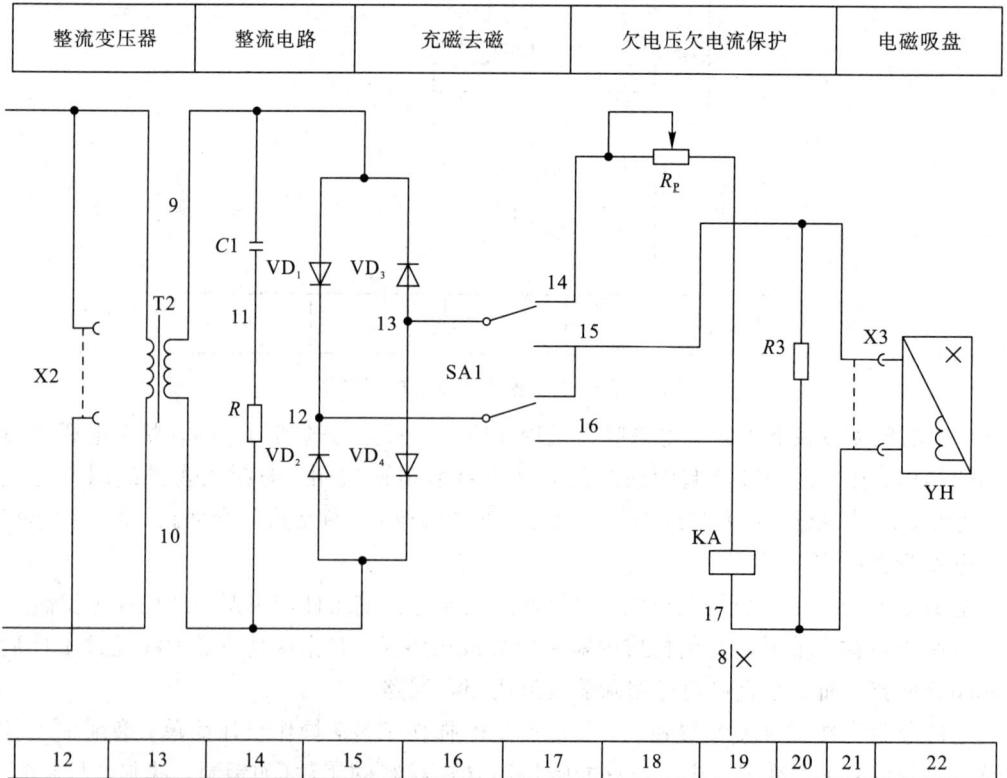

12	13	14	15	16	17	18	19	20	21	22

图 7-2-6　电磁吸盘控制电路

电磁吸盘由转换开关 SA1 控制，SA1 有三个位置：充磁、断电与去磁。当开关置于"充磁"位置时，触点(13～15)与触点(12～16)接通；当开关置于"去磁"位置时，触点(13～14)及(12～15)接通；当开关置于"断电"位置时，SA1 所有触点都断开。

（3）照明电路。照明电路电源由照明变压器 T1 将 380 V 电压降为 24 V 后提供，通过开关 SA2 控制照明灯 EL 的亮灭。M7130 型平面磨床的照明控制回路如图 7-2-7 所示。

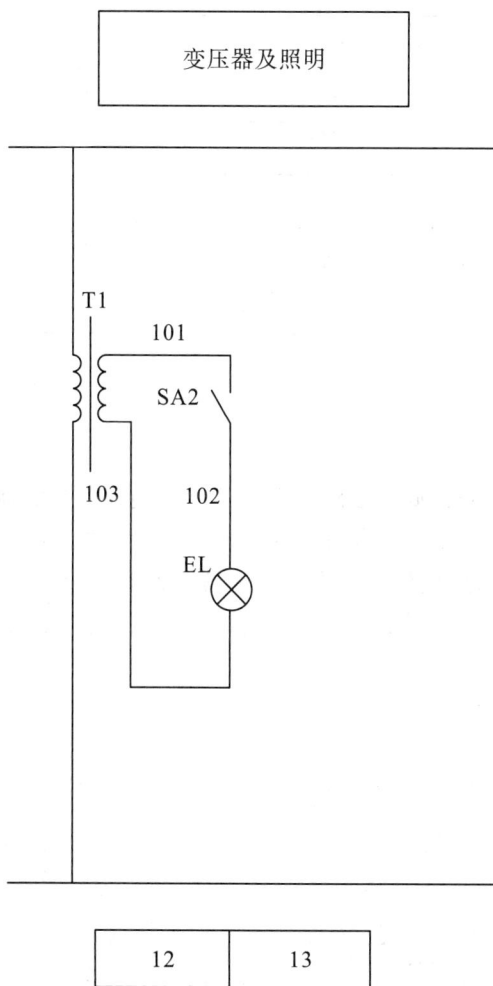

图 7-2-7　M7130 型平面磨床的照明控制回路

❖ **任务实施**

1. 准备工作

按控制要求准备工具、仪表、元器件及辅助材料，填写主要元器件清单表 7-2-1 并领料，检查电器元件外观是否完整，检测元器件各项技术指标是否符合规定要求。

表 7 - 2 - 1　M7130 型平面磨床电气控制电路的主要元器件清单表

序号	名　称	型 号 与 规 格	单位	数量
1				
2				
3				
4				
5				
6				
7				
8				
9				
10				
11				

2. 绘制布置图

将网孔板由上至下划分为低压断路器及熔断器安装区、接触器安装区、热继电器安装区及端子排等四个区域,外部按钮盒内开关经端子排与板内元器件连接。在图 7 - 2 - 8 空白处绘制 M7130 型平面磨床电气控制电路的电器布置图。

图 7 - 2 - 8　M7130 型平面磨床电气控制电路电器布置

3. 绘制接线图

在图 7 - 2 - 9 空白处绘制 M7130 型平面磨床电气控制电路接线图。按照线槽布线工艺要求进行布线，在导线两端套号码管和冷压头。

图 7 - 2 - 9　M7130 型平面磨床电气控制电路接线

4. 按图施工

按照图纸要求，完成 M7130 型平面磨床电气控制电路的安装与调试。

5. 通电试车

安装完毕后，经过学生自检和教师检查，无误后接通三相电源，通电试车。

（1）导线连接的正确性检查。按电路图或者接线图从电源端开始，逐段核对接线端子处线号是否正确，有无漏接错接。检查导线接点压接是否牢固，是否有露芯过长现象。

（2）电路的通断情况检查。在断开电源的情况下，选用万用表 R×100 或 R×1k 挡，按检测表 7 - 2 - 2 要求，将测量的阻值填入表中，根据测量值判断是否存在接线错误。

表 7 - 2 - 2　M7130 型平面磨床电气控制电路检测表

检测项目	内容	操作方法	阻值	说明
主回路	检测砂轮电动机和液压泵电动机电路	按下 KM1，测量 L1—U1、L2—V1、L3—W1 之间的电阻；按下 KM2，测量 L2—U3、L2—V3、L3—W3 之间的电阻		
	检测冷却泵电动机	按下 KM1 并插接 X1，测量 L1—U2、L2—V2、L3—W2 之间的电阻		
控制回路	检测砂轮及液压泵控制回路	按下 SA1，再依次按下 SB1、SB3、KM1、KM2，分别测量 L—N 之间的电阻		
	检测电磁吸盘控制回路	用二极管单向导电性，检查整流桥(硅堆)的连接是否正确		
		合上 SA1，测量 12—13 之间的电阻		
	指示灯与照明灯的控制回路	合上 SA2，测量 101—103 之间的电阻		

（3）通电试车。合上低压断路器，依据控制要求，依次按下启动按钮 SB1、SB3，观察电动机 M1、M3 是否依次启动；按下 SB2，观察电动机 M1 是否停止；按下 SB4，观察电动机 M3 是否停止。

（4）试车成功后，断开电源，拆除导线，整理工具材料和操作台。

6. M7130 型平面磨床电气控制电路故障现象及检修

普通车床的工作过程是由电气与机械、液压系统紧密结合实现的，在维修中不仅要注意电气部分能否正常工作，也要注意它与机械和液压部分的协调关系。下面以普通车床几种常见电气故障为例进行分析，并完成故障检修。

（1）磨床中的电动机均不能启动。

（2）砂轮电动机 M1 和冷却泵电动机 M2 不能正常启动。

❖ **任务评价**

M7130 型平面磨床电气控制电路的安装与调试任务评分标准如表 7 - 2 - 3 所示，对照评分标准对任务完成情况进行评价打分。

表 7-2-3　M7130 型平面磨床电气控制电路的安装与调试任务评分标准

任务名称		学生姓名		组别		工位号	
						用时长	
序号	内　容	配分	评 分 标 准				得分
1	机床型号	10	掌握机床型号，能说出型号代表的意义				
2	机床结构分析	20	掌握机床的主要结构及各结构的联系，说出机床结构的作用				
3	机床运动分析	20	掌握机床主要运动形式，说出各运动间的联系				
4	机床故障分析方法	20	了解故障分析方法，掌握使用万用表等工具检测方法，会进行故障判断				
5	机床故障分析过程	30	掌握故障分析一般过程，能针对具体故障现象进行有条理的分析，并进行故障检修排除				

❖ **任务拓展**

分析 M7130 型平面磨床电气控制电路中运用了前面所学的哪些基本控制电路。

❖ **思考练习题**

一、单选题

1. 由 M7130 型平面磨床电气原理图可知，车床上照明灯的电源是（　　　）。

A. AC 6 V　　　　　　　　　　B. AC 24 V

C. AC 220 V　　　　　　　　　D. AC 380 V

2. 砂轮架移动电动机的控制属于（　　　）。

A. 单方向连续运行　　　　　　B. 点动控制

C. 正反转控制　　　　　　　　D. 手动控制

3. 欠电流继电器符号是（　　　）。

A. KP　　　　　　　　　　　　B. KA

C. KV　　　　　　　　　　　　D. KI

二、判断题

1. M7130 型平面磨床的电磁吸盘的电源是直流的。　　　　　　　　　　　　（　　　）

2. 砂轮和冷却泵是先后顺序启动的。　　　　　　　　　　　　　　　　　　（　　　）

三、填空题

1. 磨床可以加工各种表面，如_____、_____、_____等。

2. 电磁吸盘与机械夹紧装置相比,优点是＿＿＿＿＿＿＿＿＿＿＿＿＿＿＿＿；缺点是＿＿＿＿＿＿＿＿＿＿＿＿＿＿。

3. M7130 型平面磨床电磁吸盘电路包括＿＿＿＿＿、＿＿＿＿＿、＿＿＿＿＿三部分。

4. 电磁吸盘整流装置由＿＿＿＿＿与＿＿＿＿＿组成,输出＿＿＿＿＿电压对电磁吸盘供电。

任务三　Z3040B 型摇臂钻床电气控制电路的安装与调试

❖ 任务目标

（1）了解 Z3040B 型摇臂钻床的结构及运动形式,并能对卧式车床机械运动进行分析。

（2）掌握 Z3040B 型摇臂钻床的电力拖动特点及控制要求,并能对卧式车床控制系统进行分析。

（3）掌握 Z3040B 型摇臂钻床的常见故障,并能分析故障和进行检修。

❖ 任务分析

钻床是一种用途广泛的孔加工机床,主要用于钻削精度要求不太高的孔,还可用来扩孔、铰孔、镗孔,以及修刮平面、攻螺纹等。

钻床的结构型式很多,有立式钻床、卧式钻床、台式钻床、深孔钻床及多轴钻床等。摇臂钻床属于立式钻床,它适用于单件或批量生产多孔的大型零件。

❖ 知识链接

1. Z3040B 型摇臂钻床型号的含义

摇臂钻床的型号及含义如下:

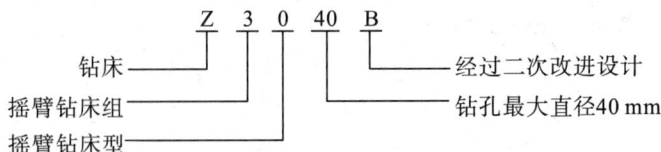

2. Z3040B 型摇臂钻床结构

Z3040B 型摇臂钻床主要由工作台、内立柱、外立柱、丝杠、主轴、摇臂、摇臂电机等组成。Z3040B 型摇臂钻床结构如图 7 - 3 - 1 所示。

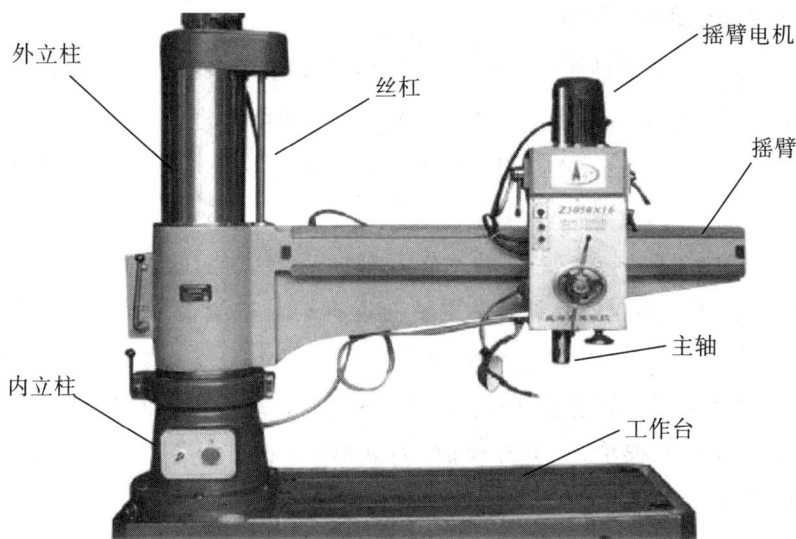

图 7-3-1　Z3040B 型摇臂钻床结构

3. Z3040B 型摇臂钻床的运动形式

摇臂钻床的运动形式有主运动、进给运动和辅助运动。

（1）主运动：主轴的旋转。

（2）进给运动：主轴的轴向进给。

（3）辅助运动：外立柱、摇臂和主轴箱的辅助运动，它们都有夹紧装置和固定位置。

① 摇臂的升降及夹紧放松由一台异步电动机拖动；

② 摇臂的回转和主轴箱的径向移动采用手动；

③ 立柱的夹紧松开由一台电动机拖动，夹紧装置所用的压力油由一台齿轮泵来供给，同时通过电气联锁来实现主轴箱的夹紧与放松。

摇臂钻床的主轴旋转和摇臂升降不允许同时进行，以保证安全生产。

Z3040B 型摇臂钻床对工件的加工如图 7-3-2 所示。

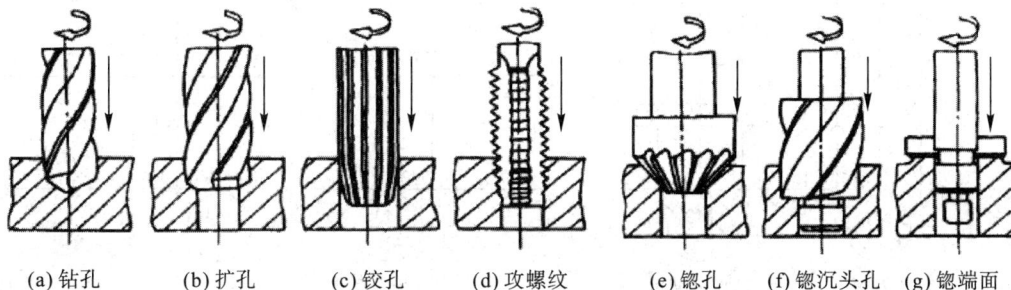

(a) 钻孔　　(b) 扩孔　　(c) 铰孔　　(d) 攻螺纹　　(e) 锪孔　　(f) 锪沉头孔　(g) 锪端面

图 7-3-2　Z3040B 型摇臂钻床对工件的加工

4. 电力拖动方式及控制要求

（1）摇臂钻床的运动部件较多，为简化传动装置，采用多台电动机拖动。Z3040B 型摇臂钻床采用了四台电动机拖动，其中主电动机承担切削及进给运动，一台电动机拖动摇臂升降机夹紧与放松，一台电动机拖动立柱夹紧与放松，一台电动机拖动冷却泵工作。

（2）为适应多种加工方式，主轴的旋转及轴向进给应能在较大范围内进行机械调速。摇臂钻床用手柄操作变速箱调速，主轴变速机构与进给变速机构放在同一个变速箱内。

（3）加工螺纹时要求主轴能正反转。摇臂钻床的正反转采用机械方法实现。

（4）要有必要的安全保护，如短路保护、过载保护等。

（5）要有必要的安全照明和信号指示电路。

5. 机床控制原理及电路分析

1）主电路分析

Z3040B 型摇臂钻床的主电路采用接触器控制，具有零电压保护和一定的欠电压保护作用，如图 7 - 3 - 3 所示。主电路有四台电动机，其中，M2 为主轴电动机，作切削和进给

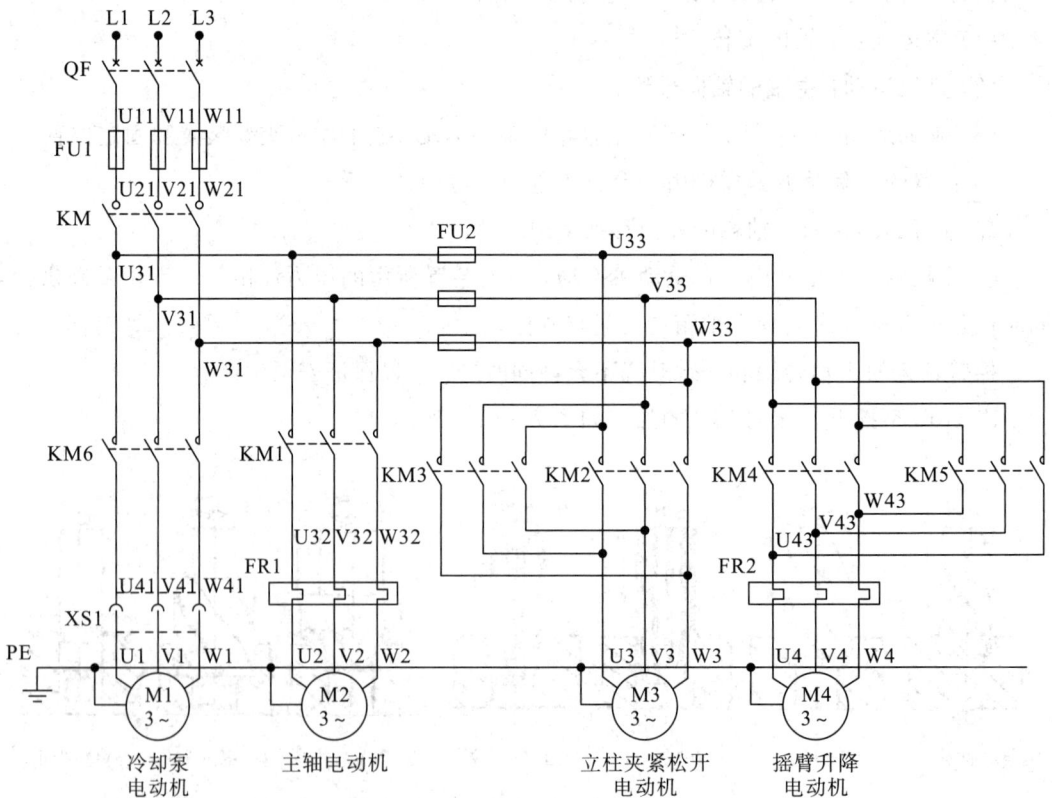

图 7 - 3 - 3 Z3040B 型摇臂钻床主电路

运动；M1 为冷却泵电动机，用来输送切削液；M4 为摇臂升降电动机；M3 为立柱夹紧松开电动机。主轴电动机 M2 和冷却泵电动机 M1 都是单向运行的，分别由接触器 KM1 和 KM6 控制。摇臂升降电动机 M4 与立柱夹紧松开电动机 M3 是正反转运行，分别由 KM4/KM5 与 KM2/KM3 控制。在四台电动机中，主轴电动机 M2 和摇臂升降电动机 M4 是连续运行的，分别采用热继电器 FR1 和 FR2 进行过载保护。

在安装机床电气设备时应当注意三相交流电源的相序，如果相序接错了，电动机的旋转方向就会与规定的不符，开动机床容易发生事故。Z3040B 型摇臂钻床三相电源的相序可以用立柱夹紧机构的动作来检查。

2）控制电路分析

（1）电源接触器 KM 和冷却泵电动机的控制。Z3040B 型摇臂钻床的电源接触器 KM 和冷却泵电动机的控制电路如图 7-3-4 所示。闭合 SB3，接触器 KM 线圈通电，KM 主触点闭合，主电路通电，SB3 自锁触点闭合。按下 SB4，KM 线圈失电，主电路断电。在 KM 主触点闭合后，转动接通 SA6，KM6 线圈通电，KM6 主触点闭合，冷却泵电动机 M1 启动。

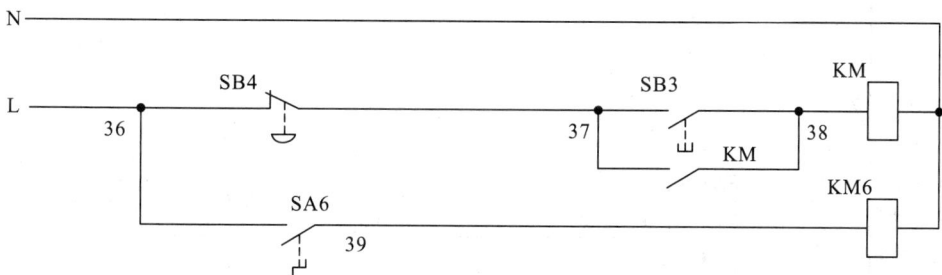

图 7-3-4　Z3040B 型摇臂钻床的电源接触器与冷却泵电动机控制电路

（2）主轴电动机和摇臂升降电动机控制。Z3040B 型摇臂钻床的主轴电动机和摇臂升降电动机控制电路如图 7-3-5(b) 所示，手柄 SA1 十字开关的触头动作表如图 7-3-5(a) 所示。

① 手柄向右，触头 SA1a 闭合，接触器 KM1 线圈通电，主轴电动机 M2 启动；

② 手柄向上，触头 SA1b 闭合，摇臂上升接触器 KM4 线圈通电；

③ 手柄向下，触头 SA1c 闭合，摇臂下降接触器 KM5 线圈通电；

④ 手柄向左的位置未加利用，且一次只能占用一个位置。

（3）摇臂升降和夹紧工作的自动循环。如图 7-3-5(b) 所示，SQ1 是组合行程开关，它的两对动断触点分别作为摇臂升降的极限位置控制，起终端保护作用。当摇臂上升或下降到极限位置时，由撞块使 SQ1(10-11) 或 (14-15) 断开，切断接触器 KM4 和 KM5 线圈的通路，使电动机停转，从而起到保护作用。

触头 \ 开关	向右	向上	向下
SA1a	+		
SA1b		+	
SA1c			+

(a)手柄 SA1 十字开关触头动作表

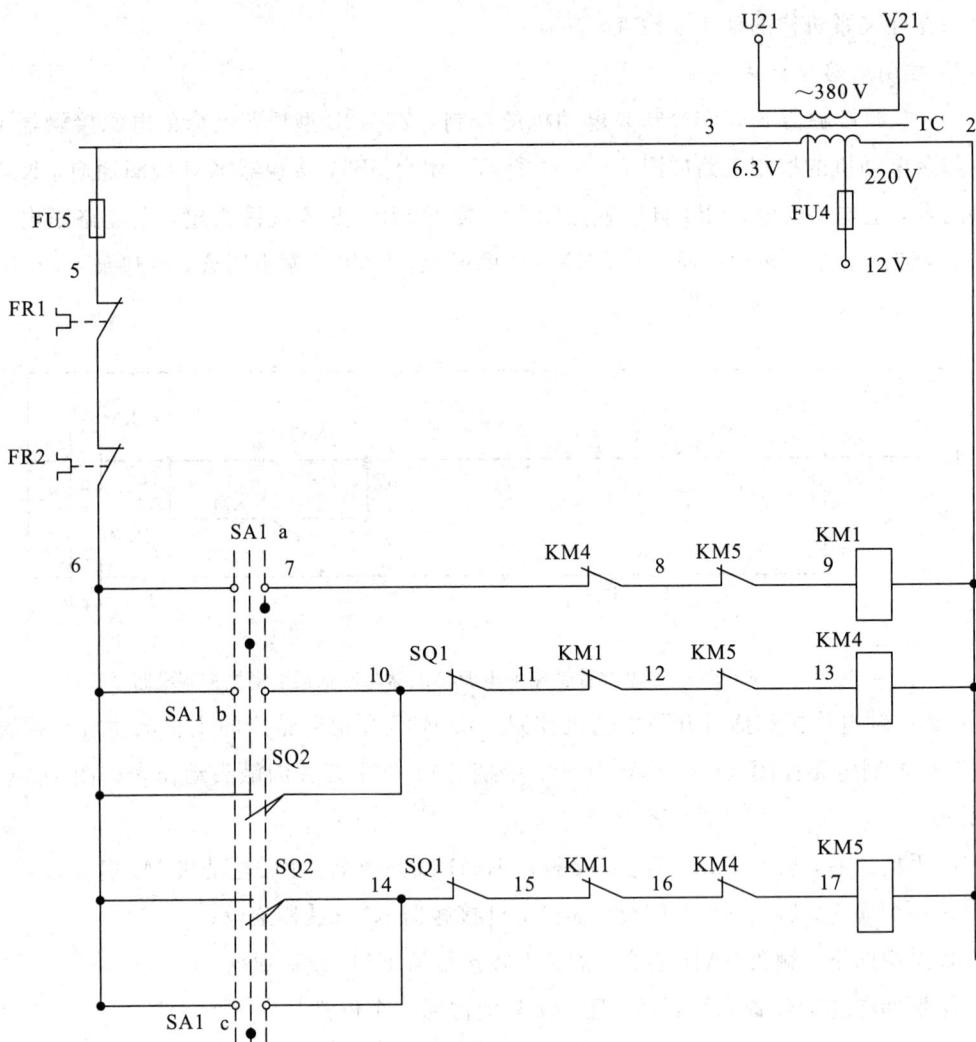

(b)主电动机和摇臂升降电动机控制电路

图 7 - 3 - 5 Z3040B 型摇臂钻床

（4）立柱和主轴箱的夹紧控制。Z3040B 型摇臂钻床的立柱和主轴箱的夹紧控制电路如图 7 - 3 - 6 所示。立柱夹紧与松开电动机用按钮 SB1 和 SB2 及接触器 KM2 和 KM3 控制，其控制为点动控制。

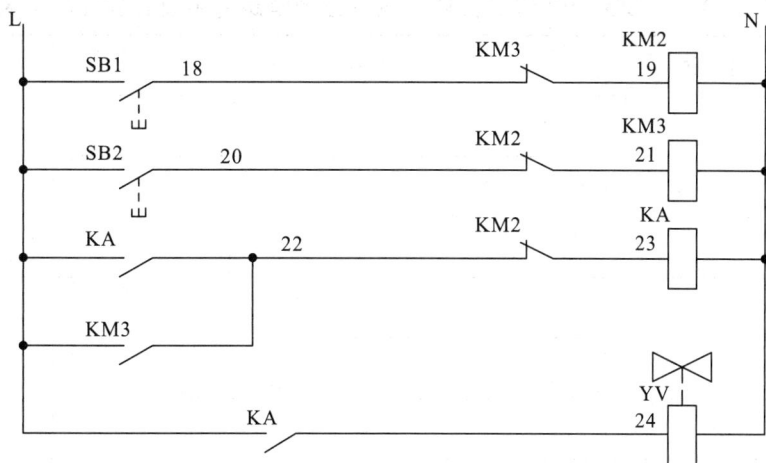

图 7-3-6　Z3040B 型摇臂钻床的立柱和主轴箱的夹紧控制电路

当按下 SB2 时，接触器 KM3 吸合，立柱松开，KM3(6-22)闭合，中间继电器 KA 线圈通电，其常开触点吸合并自保。KA 的一个动合触头接通电磁阀 YV，液压装置将主轴箱松开。在立柱放松的整个时期内，中间继电器 KA 和电磁阀 YV 始终保持工作状态。按下按钮 SB1，接触器 KM2 线圈通电吸合，立柱被夹紧。KM2 的动断辅助触头(22-23)断开，KA 线圈断电释放，电磁阀 YV 断电，液压装置将主轴箱夹紧。

（5）指示灯与照明的控制。Z3040B 型摇臂钻床的指示灯与照明的控制电路如图 7-3-7 所示。指示灯 EL 在 KM 线圈得电后接通，照明灯 HL 在 SA3 接通后得电。

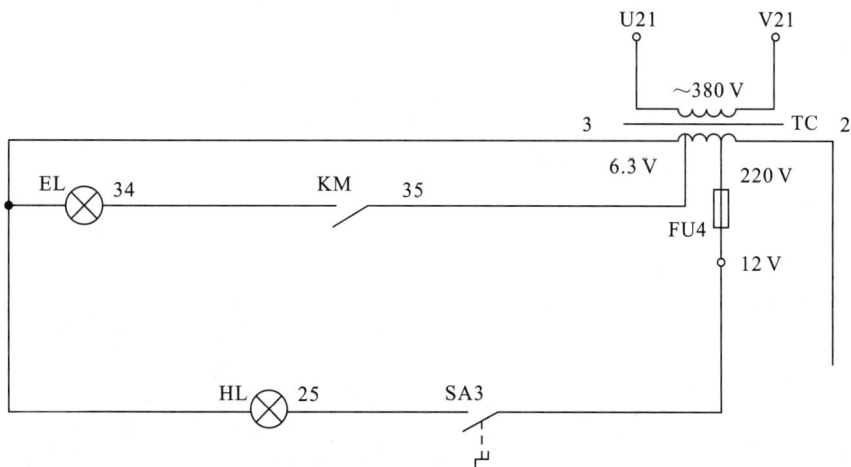

图 7-3-7　Z3040B 型摇臂钻床的指示灯与照明的控制电路

❖ **任务实施**

1. 准备工作

按控制要求准备工具、仪表、元器件及辅助材料，填写表 7-3-1 并领料，检查电器元件外观是否完整，检测元器件各项技术指标是否符合规定要求。

表 7 - 3 - 1　Z3040B 型摇臂钻床电气控制电路的主要元器件领料单

序号	名　称	型 号 与 规 格	单位	数量
1				
2				
3				
4				
5				
6				
7				
8				

2. 绘制布置图

将网孔板由上至下划分为低压断路器及熔断器安装区、接触器安装区、热继电器安装区及端子排等四个区域，外部按钮盒内开关经端子排与板内元器件连接。在图 7 - 3 - 8 空白处绘制 Z3040B 型摇臂钻床电气控制电路的电器布置图。

图 7 - 3 - 8　Z3040B 型摇臂钻床电气控制电路电器布置

3. 绘制接线图

在图 7-3-9 空白处绘制 Z3040B 型摇臂钻床电气控制电路接线图。按照线槽布线工艺要求进行布线，在导线两端套号码管和冷压头。

图 7-3-9　Z3040B 型摇臂钻床电气控制电路接线

4. 按图施工

按照图纸要求，完成 Z3040B 型摇臂钻床电气控制电路的安装与调试。

5. 通电试车

安装完毕后，经过学生自检和教师检查，无误后接通三相电源，通电试车。

（1）导线连接的正确性检查。按电路图或者接线图从电源端开始，逐段核对接线端子处线号是否正确，有无漏接错接。检查导线接点压接是否牢固，是否有露芯过长现象。

（2）电路的通断情况检查。在断开电源的情况下，选用万用表 R×100 或 R×1k 挡，按检测表 7-3-2 要求，将测量的阻值填入表中，根据测量值判断是否存在接线错误。

表 7-3-2　Z3040B 型摇臂钻床电气控制电路检测表

检测项目	内　容	操作方法	阻值	说明
主回路	检测冷却泵电动机和主轴电动机电路	依次按下 KM1、KM6，测量 L1—U2、L2—V2、L3—W2，L1—U1、L2—V1、L3—W1 之间的电阻		
	检测立柱夹紧松开电动机和摇臂升降电动机	按下 KM2、KM3，检测相序接线是否正确换相（U3 与 V3）；按下 KM4、KM5，检测相序接线是否正确换相（U4 与 V4）		
控制回路	检测电源接触器和冷却泵的控制	闭合 SB3，测量 L—N 之间的电阻；闭合 SA6，测量 L—N 之间的电阻		
	检测主轴电动机和摇臂升降电动机控制	手柄 SA1 向右，KM1 线圈接通；SA1 向上，KM4 接通；SA1 向下，KM5 接通，分别测量这三种情况下 2—3 之间的电阻		
	检测立柱和主轴箱的夹紧控制	依次按下 SB1、SB2、KM3、KA，分别测量 L—N 之间的电阻		
	指示灯与照明灯的控制	按下 KM 和 SA3，测量 2—3 之间的电阻		

　　（3）通电试车。合上低压断路器 QF，依据控制要求，先按下 SB3，转动接通 SA6，将手柄向右使 SA1a 触头闭合，观察电动机 M1、M2 是否依次启动；按下 SB4，观察电动机 M1、M2 是否同时停止。

　　（4）试车成功后，断开电源，拆除导线，整理工具材料和操作台。

　　6. 故障排除

　　普通车床的工作过程是由电气与机械、液压系统紧密结合实现的，在维修中不仅要注意电气部分能否正常工作，也要注意它与机械和液压部分的协调关系。下面以普通车床几种常见电气故障为例进行分析，将检测结果填写在 Z3040B 型摇臂钻床维修工作票中。

Z3040B 型摇臂钻床维修工作票

工作票编号 NO：

发票日期： 年 月 日

工位号	
工作任务	根据 Z3040B 型摇臂钻床的原理图完成电路的故障检测和排除
工作时间	自 年 月 日 时 分 至 年 月 日 时 分
工作条件	检测及排故过程停电；观察故障现象和排故后通电试车
工作许可人签名	
维修要求	1. 在工作许可人签名后方可进行检修； 2. 不得擅自改变原电路接线，不得更改电路和元器件位置；不得新增故障； 3. 对电路进行检测，确定电路的故障点并排除； 4. 严格遵守电工操作安全规程，正确使用工具和仪器仪表，规范操作
故障现象描述	
故障检测和排除过程	
故障点描述	

❖ **任务评价**

Z3040B 型摇臂钻床电气控制电路的安装与调试任务评分标准如表 7-3-3 所示，对照评分标准对任务完成情况进行评价打分。

表 7-3-3 **Z3040B 型摇臂钻床电气控制电路的安装与调试任务评分标准**

任务 名称		学生 姓名		组别		工位号	
						用时长	
序号	内 容	配分		评 分 标 准		得 分	
1	机床型号	10		掌握机床型号，能说出型号代表的意义			
2	机床结构分析	20		掌握机床的主要结构及各结构的联系，说出机床结构的作用			
3	机床运动分析	20		掌握机床主要运动形式，说出各运动间的联系			
4	机床故障分析方法	20		了解故障分析方法，掌握使用万用表等工具检测方法，会进行故障判断			
5	机床故障分析过程	30		掌握故障分析一般过程，针对具体故障现象能进行有条理的分析，并进行故障检修排除			

❖ **任务拓展**

分析 Z3040B 型摇臂钻床电路中运用了前面所学的哪些基本控制电路。

❖ **思考练习题**

一、选择题

1. Z3040B 型摇臂钻床的工作特点之一是主轴箱可以绕内立柱作(　　)的回转，因此便于加工大中型工件。

A. 90°　　　　　　　　B. 180°　　　　　　　　C. 270°　　　　　　　　D. 360°

2. Z3040B 型摇臂钻床上的摇臂动作和摇臂的夹紧松开动作顺序应该是(　　)。

A. 先松开再升降　　　　　　　　　　B. 先升降再松开

C. 升降和松开同时进行　　　　　　　　D. 先夹紧再升降

二、判断题

1. Z3040B 型摇臂钻床上的液压泵电动机 M3 由于有松开和夹紧两种功能，因此 M3 需正反转。　　　　　　　　　　　　　　　　　　　　　　　　　　　　　　　　(　　)

2. Z3040B 型摇臂钻床上的主轴电动机由于钻头只有进刀运动和退刀运动，因此需正反转。　　　　　　　　　　　　　　　　　　　　　　　　　　　　　　　　　　　(　　)

3. Z3040B 型摇臂钻床上在摇臂升降之前，必须先把摇臂松开，在升降到位后，又必须把摇臂夹紧，才能进行切削加工。　　　　　　　　　　　　　　　　　　　　　　(　　)

4. Z3040B 型摇臂钻床上的电磁阀 YV 是用来控制冷却泵电动机冷却液的供出的。
　　　　　　　　　　　　　　　　　　　　　　　　　　　　　　　　　　　　　(　　)

5. 为了安全起见，Z3040B 型摇臂钻床的摇臂升降到位时，必须用行程开关进行位置保护。　　　　　　　　　　　　　　　　　　　　　　　　　　　　　　　　　　　(　　)

任务四　X62W 型万能铣床电气控制电路的安装与调试

❖ **任务目标**

（1）能正确识读 X62W 型万能铣床的控制电路原理图，结合机床的结构及运动形式，能对卧式机床机械运动进行分析。

（2）能根据 X62W 型万能铣床的电力拖动特点及控制要求，对其中的部分电路进行安装和调试。

（3）掌握 X62W 型万能铣床的常见故障，能分析故障原因并对其进行检修。

（4）遵守 6S 管理规定，做到安全文明规范操作。

❖ **任务分析**

X62W 型万能卧式铣床是用来加工工作平面、斜面和沟槽等，装上分度头可以铣切直齿齿轮和螺旋面，如果装上圆工作台还可以铣切凸轮和弧形槽等。

铣床电气线路正常工作往往和机械系统正常工作分不开，我们学习铣床不仅要熟悉电气线路的工作原理，而且还要熟悉有关机械系统的工作原理。

❖ **知识链接**

1. X62W 型万能铣床型号的含义

万能铣床的型号及含义如下：

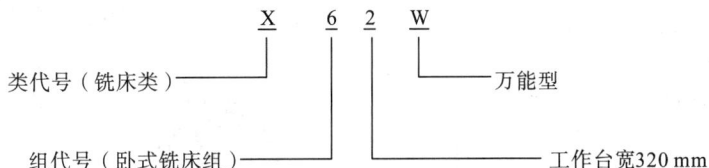

```
          X      6   2   W
                              ┌── 万能型
类代号（铣床类）─┘      │   │
                         │
组代号（卧式铣床组）─────┘   └────── 工作台宽320 mm
```

2. X62W 型万能铣床的主要结构

X62W 型万能铣床的主要结构如图 7 - 4 - 1 所示。它主要由底座、床身、工作台、横溜板、升降台、回转盘、主轴、刀杆支架、悬梁等几部分组成。

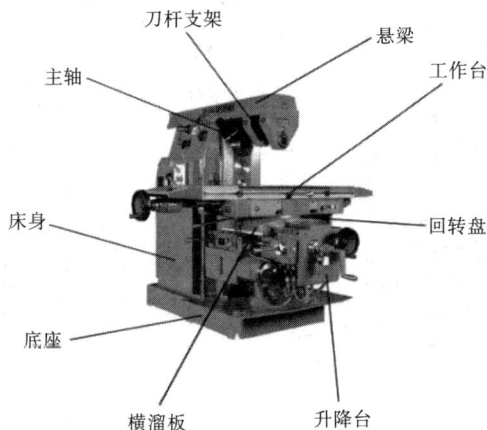

图 7 - 4 - 1　X62W 型万能铣床结构

3. X62W 型万能铣床的主要运动形式

X62W 型万能铣床的主要运动形式包括主运动、进给运动和辅助运动，几种运动形式配合可完成铣平面、铣方形槽、铣半圆槽、铣 V 形槽、铣 T 形槽、铣沟槽等加工，其对工件的几种铣削方式如图 7 - 4 - 2 所示。

（1）主运动是指主轴带着铣刀的旋转运动。主运动是由主轴电动机 M1 拖动的，采用笼型异步电动机。不同工况下的不同转速，是通过变速箱的齿轮变换来实现的；为了使主轴旋转均匀，避免铣削时的振动，主轴上装有平衡飞轮；加工时有顺铣和逆铣，所以主轴电动机应能正反转；为了使变速后的齿轮顺利啮合，减小对齿轮端面的冲击，主轴电动机在变速时能瞬时点动一下（称为变速冲动）；此外，主轴电动机还采用了两地控制和制动停车。

（2）进给运动是指固定于工作台上的工件相对于铣刀的移动。进给运动由进给电动机 M2 拖动，完成上下（垂直）、左右（纵向）、前后（横向）六个方向的进给；也可通过快速牵引电磁铁 YC 改变传动方式，实现进给的快速移动；另外，进给运动也可手动进行。

（3）辅助运动是指工作台的快速运动及主轴和进给的变速冲动。

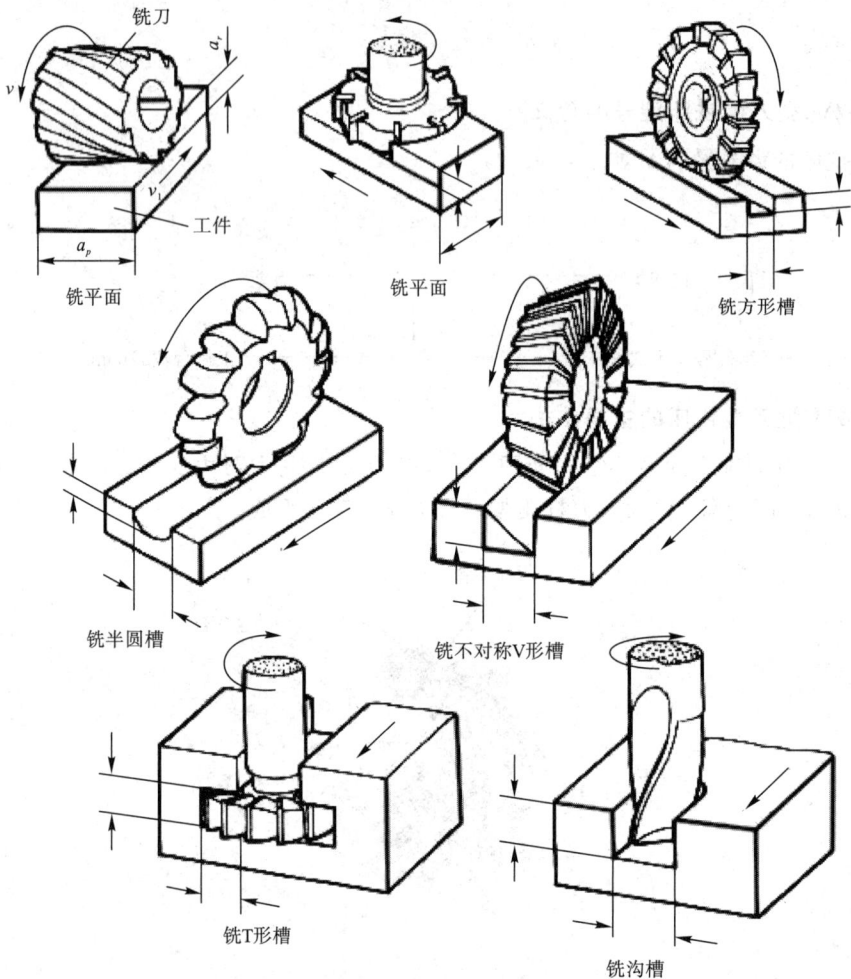

图 7-4-2　X62W 型万能铣床的几种铣削方式

4. 电力拖动方式及控制要求

（1）机床要求有三台电动机，分别为主轴电动机、进给电动机和冷却泵电动机。

（2）由于加工时有顺铣和逆铣两种，所以要求主轴电动机能正反转及在变速时能瞬时冲动一下，以利于齿轮的啮合，并要求能制动停车和实现两地控制。

（3）工作台的三种运动形式、六个方向的移动是依靠机械的方法来达到的，对进给电动机要求能正反转，且要求纵向、横向、垂直三种运动形式相互间应有联锁，以确保操作安全。同时要求工作台在进给变速时，电动机也能瞬间冲动、快速进给及两地控制等。

（4）冷却泵电动机只要求正转。

（5）进给电动机与主轴电动机需实现联锁控制，即主轴工作后才能进行进给。

5. 机床控制原理及电路分析

X62W 型万能铣床电气控制电路如图 7-4-3 所示。它分为电源电路、主电路、控制电路和照明电路四部分。

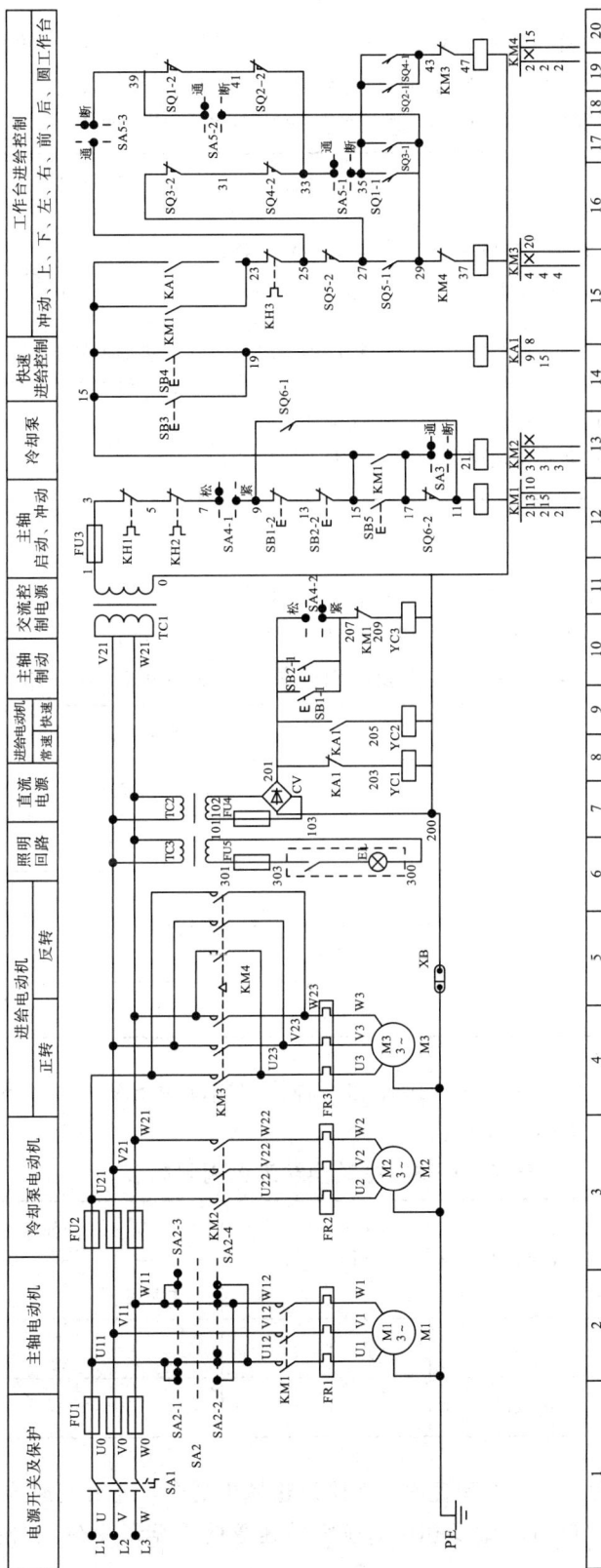

图7-4-3　X62W型万能铣床电气控制电路

1) 主电路分析

主电路有三台电动机，其中，M1 是主轴电动机；M2 是冷却泵电动机；M3 是进给电动机。三台电动机对应的功能，控制电器及保护器件等相关信息如表 7-4-1 所示。

表 7-4-1 主电路的三台电动机的相关信息

电动机名称	功能	控制电器	过载保护	短路保护
主轴电动机 M1	拖动主轴带动铣刀旋转	接触器 KM1 和组合开关 SA2	热继电器 FR1	熔断器 FU1
冷却泵电动机 M2	提供冷却液	接触器 KM2	热继电器 FR2	熔断器 FU2
进给电动机 M3	拖动工作台进给运动和快速移动	接触器 KM3 和 KM4	热继电器 FR3	熔断器 FU2

2) 控制电路分析

(1) 主轴电动机的控制。主轴换向开关 SA2 有 SA2-1、SA2-2、SA2-3 和 SA2-4 这四组触头，主轴换向开关 SA2 的通断状态如表 7-4-2 所示。

表 7-4-2 主轴换向开关 SA2 的通断状态

触头	所在区号	操作手柄位置		
		正转	停止	反转
SA2-1	2	−	−	+
SA2-2	2	+	−	−
SA2-3	2	+	−	−
SA2-4	2	−	−	+

(2) 主轴换铣刀控制。主轴正常工作和主轴换刀制动由 SA4-1 和 SA4-2 的松紧状态控制，其状态表如表 7-4-3 所示。

表 7-4-3 主轴换铣刀控制状态表

触头	接线端标号	所在区号	操作手柄位置	
			主轴正常工作	主轴换刀制动
SA4-1	7-9	12	+	−
SA4-2	201-207	10	−	+

(3) 主轴变速冲动控制。在变速时，为使齿轮易于啮合，进给变速与主轴变速均设有变速冲动环节。当需要进行进给变速时，应将转速盘的蘑菇形手轮向外拉出并转动转速

盘,把所需进给量的标尺数字对准箭头,然后再把蘑菇形手轮用力向外拉到极限位置并随即推向原位,就在操纵手轮的同时,其连杆机构瞬时压下行程开关 SQ6,使 KM3 瞬时吸合,M2 作正向瞬动。

由于进给变速瞬时冲动的通电回路要经过 SQ1~SQ4 四个行程开关的常闭触点,因此只有当进给运动的操作手柄都在中间(停止)位置时,才能实现进给变速冲动控制,以保证操作时的安全。X62W 型万能铣床主轴变速冲动控制结构如图 7-4-4 所示。

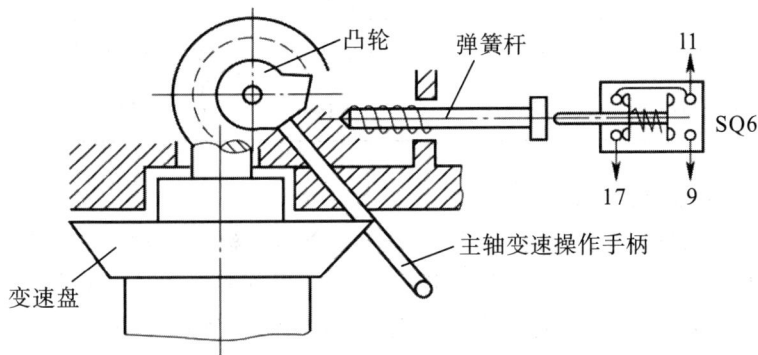

图 7-4-4　X62W 型万能铣床主轴变速冲动控制结构

注意:不论是开车还是停车,都应以较快的速度把手柄推回原始位置,以免通电时间过长,引起 M1 转速过高而打坏齿轮。

(4) 进给电动机 M3 的控制。

① 工作台的左右进给运动。

启动条件:十字(横向、垂直)操纵手柄置"居中"位置(行程开关 SQ3、SQ4 不受压);控制圆工作台的选择转换开关 SA5 置于"断开"的位置;SQ5 置于正常工作位置(不受压);主轴电动机 M1 首先已启动,即接触器 KM1 得电吸合并自锁,其辅助常开触头 KM1(15-23)闭合,接通进给控制电路电源。工作台左右进给运动状态如表 7-4-4 所示。

表 7-4-4　工作台左右进给运动状态

手柄位置	行程开关动作	接触器动作	电动机 M3 转向	传动链搭合丝杠	工作台运动方向
向右	SQ1	KM3	正转	左右进给丝杠	向右
居中	—	—	停止	—	停止
向左	SQ2	KM4	反转	左右进给丝杠	向左

② 工作台上下和前后进给运动。

启动条件:左右(纵向)操纵手柄置"居中"位置(SQ1、SQ2 不受压);控制圆工作台转换开关 SA5 置于"断开"位置;SQ5 置于正常工作位置(不受压);主轴电动机 M1 首先启动(即接触器 KM1 得电吸合)。工作台上下和前后进给运动状态表如表 7-4-5 所示。

表 7 - 4 - 5　工作台上下和前后进给运动状态

手柄位置	行程开关动作	接触器动作	电动机 M3 转向	传动链搭合丝杠	工作台运动方向
上	SQ4	KM4	反转	上下进给丝杠	向上
下	SQ3	KM3	正转	上下进给丝杠	向下
中	—		停止	—	停止
前	SQ3	KM3	正转	前后进给丝杠	向前
后	SQ4	KM4	反转	前后进给丝杠	向后

（5）圆工作台进给运动。

启动条件：首先将左右（纵向）和十字（横向、垂直）操纵手柄都置于"中间"位置（行程开关 SQ1～SQ4 均未受压动，处于初始状态）；SQ5 处于初始状态（未受压）；主轴电动机 M1 已启动，即接触器 KM1 得电吸合并自锁，其辅助常开触头 KM1(15 - 23)闭合，然后将圆工作台转换开关置于"接通"位置；接通圆工作台进给控制电路电源。

❖ **任务实施**

1. 准备工作

按控制要求准备工具、仪表、元器件及辅助材料，填写表 7 - 4 - 6 并领料，检查电器元件外观是否完整，检测元器件各项技术指标是否符合规定要求。

表 7 - 4 - 6　X62W 型万能铣床电气控制电路的主要元器件清单表

序号	名　称	型　号　与　规　格	单位	数量
1				
2				
3				
4				
5				
6				
7				
8				
9				
10				
11				

2. 绘制布置图

将网孔板由上至下划分为低压断路器及熔断器安装区、接触器安装区、热继电器安装区及端子排等四个区域，外部按钮盒内开关经端子排与板内元器件连接。在图7－4－5空白处绘制X62W型万能铣床电气控制电路电器布置图。

图7－4－5　X62W型万能铣床电气控制电路电器布置

3. 绘制接线图

在图7－4－6空白处绘制X62W型万能铣床控制电路接线图。按照线槽布线工艺要求进行布线，在导线两端套号码管和冷压头。

图7－4－6　X62W型万能铣床电气控制电路接线

4. 按图施工

按照图纸要求，完成 X62W 型万能铣床电气控制电路的安装与调试。

5. 通电试车

安装完毕后，经过学生自检，教师检查，无误后接通三相电源，通电试车。

（1）导线连接的正确性检查。按电路图或者接线图从电源端开始，逐段核对接线端子处线号是否正确，有无漏接错接。导线接点压接是否牢固，是否有露芯过长现象。

（2）电路的通断情况检查。在断开电源的情况下，选用万用表 R×100 或 R×1k 挡，按检测表 7-4-7 要求，将测量的阻值填入表中，根据测量值判断是否存在接线错误。

表 7-4-7 X62W 型万能铣床电气控制电路检测表

检测项目	内 容	操 作 方 法	阻值	说 明
主回路	检测整流装置	用二极管单向导电性，检查整流桥（硅堆）的连接是否正确		
	检测三台电动机电路	合上 SA1，将 SA2 置于 2 或 3 位； 按下 KM1，测量 L1—U1、L2—V1、L3—W1 之间的电阻； 按下 KM2，测量 L1—U2、L2—V2、L3—W2 之间的电阻； 按下 KM3 或 KM4，测量 L1—U3、L2—V3、L3—W3 之间的电阻		
控制回路	检测主轴电动机控制接触器 KM1 控制电路	合上 SA4-1，测量 1—0 之间的电阻		
	检测冷却泵电动机正转电路 KM2 控制电路	合上 SA4-1、SA3，测量 1—0 之间的电阻		
	检测进给电动机正转电路 KM3 控制电路	按下 KA、SQ5-1，测量 1—0 之间的电阻		
	检测进给电动机反转电路 KM4 控制电路	按下 KA1、SQ2-1、SA5-1、SQ4-1，测量 1—0 之间的电阻		
		按下 KM1、SA5-3、SA5-1、SQ2-1，测量 1—0 之间电阻		

（3）通电试车。

① 将 SA1 闭合，当 SA2 置于 2 或 3 位、SA4 置于 1 位时，按下 SB5 或触发限位开关 SQ6-1，观察主轴电机是否得电正转；当 SA2 置于 1 或 4 位、SA4 置于 1 位时，按下 SB5 或触发限位开关 SQ6-1，观察主轴电动机是否得电运转。

② 基于步骤①，接通 SA3，观察冷却泵电动机是否得电运转。

③ 按下 SB3 或 SB4，观察触发限位开关 SQ5 - 1 前后，进给电动机的运转状态。

（4）试车成功后，断开电源，拆除导线，整理工具材料和操作台。

6. X62W 型万能铣床电气控制故障现象及检修

X62W 型万能铣床的主轴变速箱的凸轮与弹簧杆在操作过程中，由于机器磨损和人为误操作，很容易出现问题。使用的转换开关一旦出现故障需要更换时，注意转换开关的接头不能接错；在加工不同的工件时，行程开关 SQ6 的位置需要进行相应调整。当铣床出现故障时，应先查找对应的机床零部件机械结构，注意电气部分与机械部分的协调关系，分析故障原因，完成故障检修。

❖ **任务评价**

X62W 型万能铣床电气控制电路的安装与调试任务评分标准如表 7 - 4 - 8 所示，对照评分标准对任务完成情况进行评价打分。

表 7 - 4 - 8　X62W 型万能铣床电气控制电路的安装与调试任务评分标准

X62W 型万能铣床的安装与调试		学生姓名		组别		工位号	
						用时长	
序号	内　容	配分	评 分 标 准				得 分
1	车床型号	10	掌握车床型号，能说出型号代表的意义				
2	车床结构分析	20	掌握车床的主要结构及各结构的联系，说出车床结构的作用				
3	车床运动分析	20	掌握车床主要运动形式，说出各运动的联系				
4	车床故障分析方法	20	了解故障分析方法，掌握使用万用表等工具检测方法，会进行故障判断				
5	车床故障分析过程	30	掌握故障分析一般过程，针对具体故障现象能进行有条理的分析，并进行故障检修排除				

❖ **任务拓展**

分析 X62W 型万能铣床电气控制电路中运用了前面所学的哪些基本控制电路。

❖ **思考练习题**

一、单选题

1. X62W 万能铣床主轴电动机 M1 实现正反转控制，不用接触器控制而用组合开关控制，是因为（　　）。

A. 改变转向不频繁　　　　　　　　B. 接触器易损坏

C. 操作安全方便　　　　　　　　　D. 接触器不方便

2. X62W 万能铣床主轴电动机的制动采用(　　)。

A. 反接制动　　　　　　　　　　　B. 能耗制动

C. 电磁离合器制动　　　　　　　　D. 电磁抱闸制动

二、判断题

1. 主轴电动机采用热继电器实现过载保护。　　　　　　　　　　　(　　)

2. 电气原理图中,同一个元器件的各个部分要画到一起。　　　　　(　　)

3. X62W 万能铣床的顺铣和逆铣加工是由主轴电动机 M1 的正反转来实现的。

(　　)

项目八

KNX 智能控制系统安装与编程调试

【项目概述】

随着智能照明技术的广泛应用，KNX 智能控制系统（简称 KNX 系统）应运而生并被行业推广。引入 KNX 系统是对传统控制技术的有效补充；作为世界技能大赛电气赛项的一部分，KNX 系统有着举足轻重的地位。本项目就 KNX 系统的起源、功能特点、网络通信等方面进行简要介绍。

任务一　认识 KNX 智能控制系统

❖ 任务目标

（1）了解 KNX 系统的功能、优点，并能合理选用。

（2）掌握 KNX 系统的结构原理图，并会进行拓扑安装连线。

❖ 任务分析

KNX 系统是自动化流派的智能家居标准，源于工业自动化和建筑自动化。本任务从 KNX 系统的起源入手，介绍 KNX 系统的功能及优点、KNX 系统结构原理以及 KNX 系统框架等知识，并结合实际案例，分析 KNX 系统特点及系统应用的主要元器件。

❖ 知识链接

1. KNX 系统的起源

"KNX 系统"概念起源于 20 世纪 90 年代，于 1999 年由 EIBA（欧洲安装总线协会）、EHSA（欧洲家用电器协会）和 BCI（BatiBUS 国际俱乐部）三大协会联合成立。KNX 系统以 EIBA 为基础，兼顾了 BatiBus 和 EHSA 的物理层规范，并吸收了 BatiBus 和 EHSA 中的配置模式等优点，提供家居和楼宇自动化的完全解决方案，采用开放式国际标准 ISO/

IEC14543 - 3。

2007 年，中国控制网络 HBES 技术规范住宅和楼宇控制系统将 KNX 设定为中国国家标准 GB/Z 20965—2007，在 2013 年将 KNX 系统协议设定为中国国家标准 GB/T 20965—2013，并做了符合中国市场的调整，能够更好地应用于中国市场。

2. KNX 系统的功能及优点

KNX/EIB 系统是目前世界上最先进、应用最广泛的总线控制技术之一。该系统通过一条总线将所有的元器件连接起来，每个元器件均可独立工作，同时又可通过中控电脑进行集中监视和控制。通过电脑编程的各元件既可独立完成诸如开关、控制、监视等工作，又可根据要求进行不同组合，从而实现不增加元件数量而功能却可灵活改变的效果。

(1) KNX 系统实现的控制功能。

KNX 系统可实现楼宇中央管理系统控制，例如：灯光控制，包括灯光的开关及调光控制；窗帘控制，包括窗帘的开合、百叶窗的升降及调角控制；家电控制，包括插座、热水器、空调（HVAC）系统以及其他各种家电的控制；安防控制，包括光线感应、定时调控、电话远程设备监控、专业服务网 LAN/Internet 控制等。

(2) 区别于其他控制系统，KNX 系统主要有以下优点。

① 集成控制：可对灯光、遮阳、空调、地暖等进行集成式控制。KNX 系统兼容性强，应用 KNX 系统的厂商、品牌、产品之间可以进行无缝稳定对接。KNX 系统包含 8000 个互操作产品设备，几乎覆盖了建筑中各个行业和各种用途的需要。

② 交互性：通过中立的认证确保交互性，KNX 系统标识确保不同厂家和应用产品之间的交互性，ISO 9001 是所有 KNX 系统制造商必须达到的标准，可以用于设计、配置、诊断所有 KNX 系统认证设备，可使用应用程序来扩展工具。KNX 系统可以用于照明控制、空调控制、安防控制、供暖控制、能源管理、烟火探测、音视频控制、家电控制、计量、百叶窗控制等各种控制场景。

③ 节能：现代化住宅应在满足使用者对环境要求的前提下，尽量利用自然光及人员活动来调节室内照明环境和温度环境，最大限度减少能量消耗。

④ 灵活：能满足多种用户对不同环境功能的要求。KNX 系统是开放式、大跨度框架结构，允许用户迅速而方便地改变建筑物的使用功能或重新规划建筑平面，可以通过与其他协议和网关的对接，提升应用场合的扩容性。

⑤ 经济：KNX 系统还可以与目前的主流协议进行连接通信，降低总体系统的价格，增加性价比。

⑥ 安全：可与消防系统进行联动，当消防报警时，可将正常照明回路强行切断，应急回路强行点亮，从而降低火灾的风险，提高建筑的安全性。

3. KNX 系统组成

KNX 系统包含电源模块（如电源变压器）、输入模块（如触摸屏、智能面板带遥控、多功能带温控面板、人体存在感应器及光线感应器等）以及输出模块（如开关继电器模块、调光模块及百叶窗模块等），这三大模块采用总线模式进行通信连接。KNX 系统模块的连接如图 8 - 1 - 1 所示。

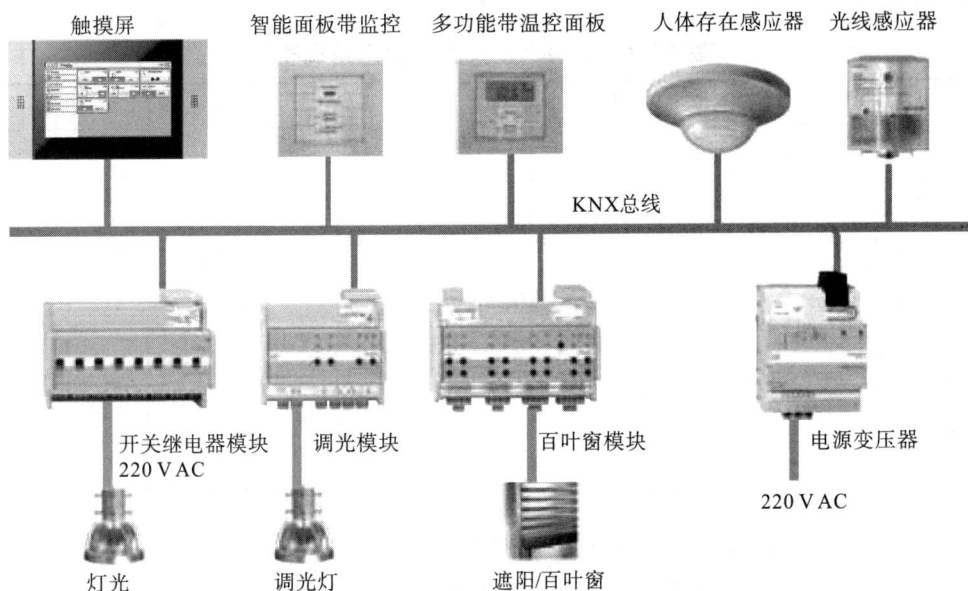

图 8-1-1　KNX系统模块连接

4. KNX系统框架

KNX系统包括总线硬件和软件通信两大块。

1）总线硬件

总线硬件包括控制器、传感器和驱动执行器三类。

（1）控制器：负责传感器与执行器之间的交互（如逻辑模块）。

（2）传感器：负责探测建筑物内环境或物体的信号，如光线、温度和湿度等。传感器将这类信号转换成电信号，再反馈到电路模块中，实现自动控制或调节。

（3）驱动执行器：负责接收传感器传送的信号并执行相应的操作。

2）软件通信

KNX系统软件通信模型由物理层、数据链路层、网络层、传输层和应用层五层结构组成。

（1）物理层：支持TP1（双绞线）、PL110（电力线）、RF（射频）和Ethernet（以太网）等介质，其中TP1介质应用最多。

（2）数据链路层：实现总线设备之间的数据传输，并解决网络中的通信冲突问题。

（3）网络层：可根据总线设备数量来确定其控制功能。在小型KNX系统中，网络层功能很少，只是完成传输层和数据链路层的通信映射功能。大型KNX系统中有耦合器类产品，其作用是在网络层完成路由功能和跳数（Hop）控制功能。

（4）传输层：完成设备之间的传输，传输层有点到点无连接、点到点有连接、广播和多播四种传输模式。

（5）应用层：完成编程者的设计。

❖ **任务实施**

查找资料，根据典型的应用案例，分析KNX系统在不同行业的特点并填写在表

8－1－1中。

表 8－1－1　KNX 系统行业应用调查

	时间	KNX 系统（品牌）	主要模块	数量	优势
港珠澳大桥安检大楼					
石家庄地铁					
北京大兴国际机场					

观察图 8－1－1 中 KNX 系统所用的元器件，对其进行分类并填写在表 8－1－2 中。

表 8－1－2　KNX 系统元器件的分类

	元器件名称	型号规格	特征
控制器			
传感器			
驱动执行器			

❖ **任务评价**

初识 KNX 智能控制系统的评分标准如表 8－1－3 所示，对照评分标准对任务完成情况进行评价打分。

表 8－1－3　初识 KNX 智能控制系统任务评分标准

任务名称		学生姓名		组别		工位号	
						用时长	
序号	内 容	配分		评 分 标 准			得 分
1	KNX 系统起源与特点	20	掌握 KNX 系统的起源与特点，能说出 KNX 系统的作用				
2	KNX 系统结构	30	掌握 KNX 系统基本结构框架，能说出 KNX 系统结构的特点				
3	完成任务实施要求	40	根据任务实施的完成情况进行评分				
4	任务拓展	10	根据任务完成情况进行评分				

❖ **任务拓展**

查找资料，了解 KNX 系统是如何进行通信的。

任务二　搭建 KNX 系统的网络

❖ **任务目标**

（1）掌握 KNX 系统传输介质的结构特点，并会制作传输线缆。
（2）掌握 KNX 系统的网络结构原理，并会进行拓扑安装连线。

❖ **任务分析**

通过本任务，将了解 KNX 系统通信相关的内容，掌握 KNX 系统传输介质的结构特点及用途，学会制作 KNX 系统通信线缆；了解 KNX 系统网络结构，能够按照拓扑结构图完成模块网络通信连接。

❖ **知识链接**

1. KNX 系统的传输介质

KNX 系统的传输介质主要是双绞线，总线由 KNX 电源（DC 24 V）供电，数据传输和总线设备电源共用一条电缆，数据报文调制在直流电源上。

（1）系统总线线缆。数据传输与系统电源通过一对双绞线传输（红色线、黑色线）；剩余的线对（黄色线、白色线）作为额外的电源传输线，或者作为红黑 KNX 线对的备用线；可以与 230/400 V 强电线缆一起安装；建议使用通过 KNX 认证的总线线缆进行系统安装。KNX 系统总线线缆如图 8 - 2 - 1 所示。

图 8 - 2 - 1　KNX 系统总线线缆

（2）系统总线安装。超低压系统允许 KNX 系统总线线缆与强电线缆一起安装在 19 mm 的管道内。如果可以保证强电线缆与总线线缆的安全距离，总线线缆与强电线缆可以安装在同一个安装底盒里。KNX 系统总线线缆与强电线缆之间的距离如图 8 - 2 - 2 所示。

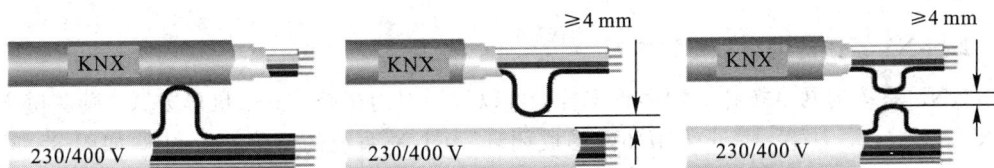

图 8 - 2 - 2　KNX 系统总线线缆与强电线缆之间的距离

（3）总线连接端子。常见的总线连接端子有红黑端子和黄白端子两种，总线连接端子的外形、结构及作用如表 8-2-1 所示。另有一种带有拓展口的红黑端子，用于拓展连接孔，常用于星形联结。根据连接孔对数，总线连接端子分为 4 片、2 片和带拓展头的 2 片（也可以表示为 2 片+）3 种。

表 8-2-1　总线连接端子的外形、结构及作用

总线连接端子	外　形	结构及作用
红黑端子		提供的总线设备上含有此连接端子，每个端子具有 4 对连接孔； 可以在不切断总线电缆的情况下断开设备的 KNX 连接； 可以用于分线
黄白端子		每个端子具有 4 对连接孔； 用于 KNX 剩余线对的连接

（4）单条支线总线线缆长度。不同的供电方式不同用途的线缆，其长度也不同，具体如表 8-2-2 所示。

表 8-2-2　单条支线总线线缆长度

线缆长度	系统供电类型			
	分散的系统电源供电 DPSU			中央系统电源供电
	1	2	3～8	PSU
总线最远距离	350 m	700 m	1000 m	1000 m
设备之间最远通信距离	350 m	700 m	700 m	700 m
系统电源与设备之间最远距离	350 m	350 m	350 m	350 m
两个系统电源之间的最小距离	没有距离限制			200 m

2. KNX 系统的网络拓扑结构

KNX 系统的网络拓扑结构多种多样，可以采用自由拓扑方式、星形方式、菊花链方式以及 T 形方式。注意：禁止采用环网形成闭环。KNX 系统的网络拓扑结构如图 8-2-3 所示。

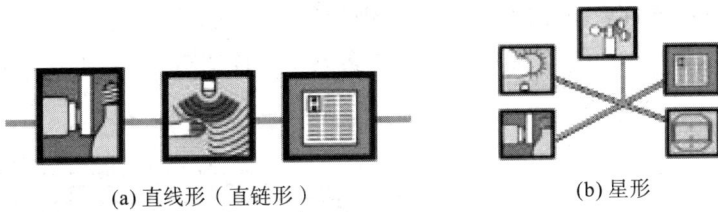

(a) 直线形（直链形）　　　　　(b) 星形

图 8 - 2 - 3　KNX 系统的网络拓扑结构

1）KNX 系统的单网络结构

KNX 系统中最小的单网络结构称为支线，最多可以有 64 个总线元件在同一支线上运行。KNX 系统的支线元件连接如图 8 - 2 - 4 所示。系统总线线缆的总长度不超过 1000 m。

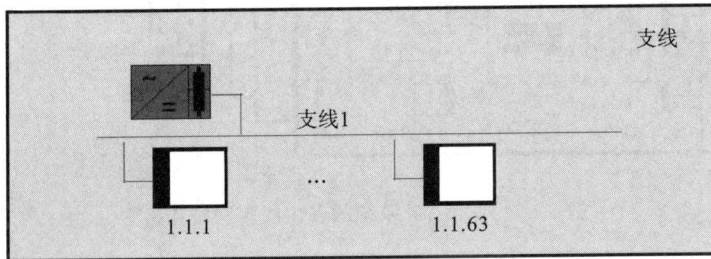

图 8 - 2 - 4　KNX 系统的支线元件连接

2）KNX 系统的多网络结构

当一个 KNX 系统的设备需求远远大于单个网络的容量时，可以通过 KNX 系统的 IP 网关或者 KNX 支线耦合器来连接多个网络。这里的多网络以支线耦合器组网为例。

当需要连接的总线元件超过 64 个，或者需要选择不同的结构时，可以通过支线耦合器（LC）组合连接到一条主线上实现，每条主线上最多可以允许 15 条支线通过。通过支线耦合器连接在同一条主线上的所有结构称为域。一个域可包含 15 条支线，每条支线可以连接 64 个总线元件，故一个域可以连接 15×64 个总线元件。KNX 系统的多网络连接如图 8 - 2 - 5 所示。

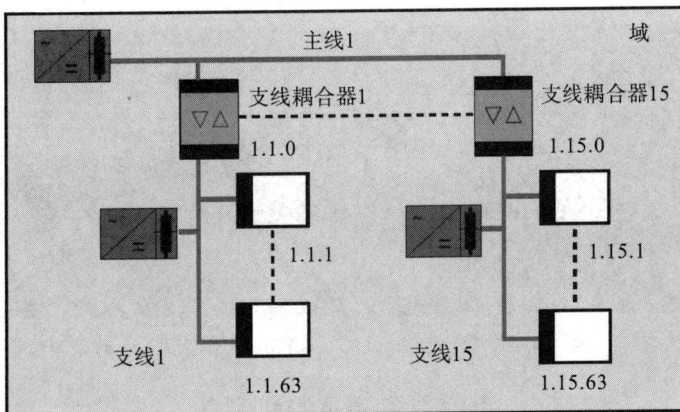

图 8 - 2 - 5　KNX 系统的多网络连接

KNX 系统可以通过域间的耦合器(BC)进行连接扩展,最多连接 15 个域,可以连接总计 14 400 个总线元件。KNX 系统的多主线多网络连接如图 8-2-6 所示。

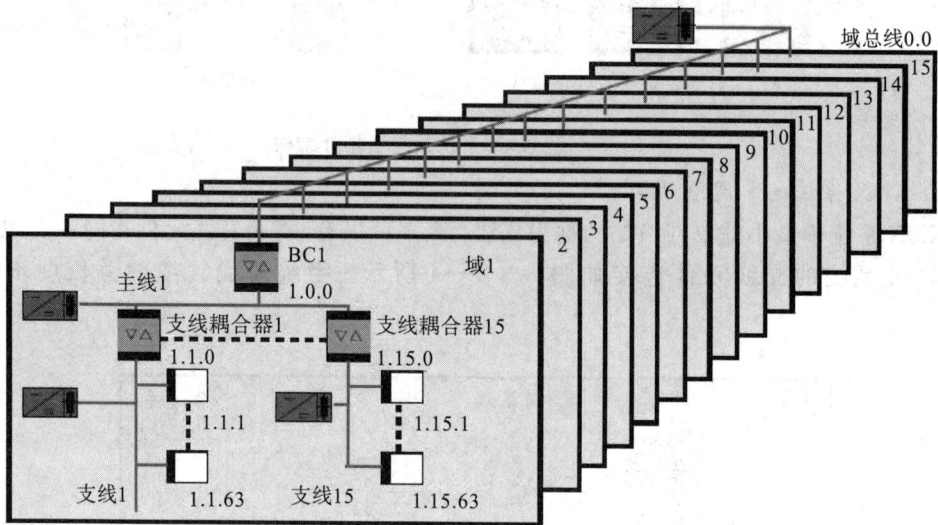

图 8-2-6　KNX 系统的多主线多网络连接

❖ **任务实施**

1. 制作通信线缆

通信线缆的制作如图 8-2-7 所示。取一根通信线缆进行剥线,如图 8-2-7(a)所示;在不需进行绝缘处理时,使用 1 个黄白黑红 4 片端子套在剥好的线端上,即完成了一根通信线缆的制作,如图 8-2-7(b)所示;在需要进行绝缘处理时,通信线缆中只用到黑红导线,此时可以用 1 个黑红 2 片端子套在剥好的黑红线端,完成一根通信线缆的制作;也可以使用 1 个黑红 2 片端子连接 2 根通信线缆,完成 2 根通信线缆并行连接的制作,如图 8-2-7(c)所示;当绝缘端子不够用时,可使用 1 个带拓展头的 2 片端子连接 2 根通信线缆,完成带拓展头的 2 根通信线缆的制作,如图 8-2-7(d)所示。

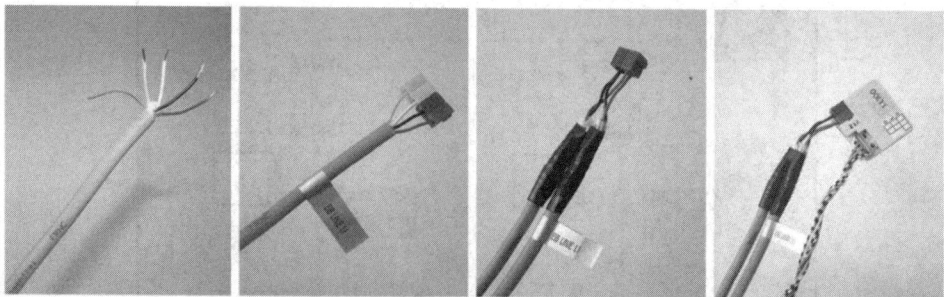

| (a) 剥线 | (b) 4片端子连接 | (c) 2片端子连接 | (d) 带拓展头的2片端子连接 |

图 8-2-7　通信线缆的制作

2. 搭建检测与调试

按照实物拓扑结构图 8-2-8 搭建 KNX 系统，合理选用通信线缆与 ETS 软件通信，将选用的通信线缆填入表 8-2-3 中，并按照表中的要求进行检测。

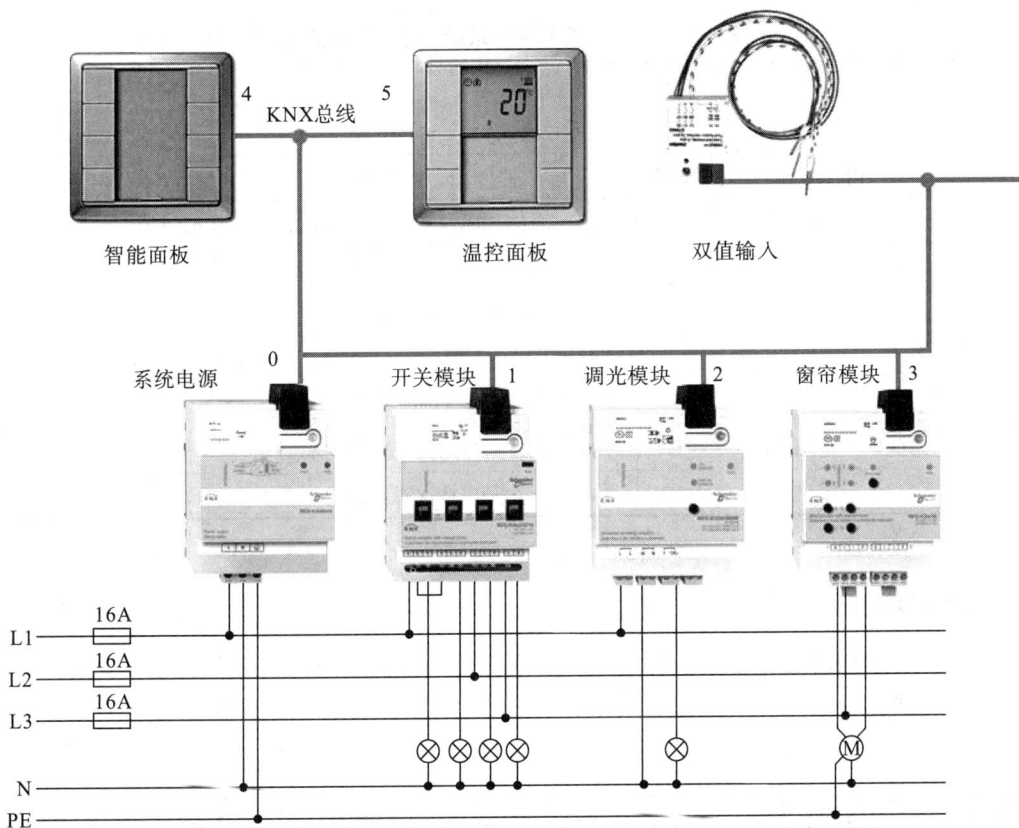

图 8-2-8　KNX 系统的实物拓扑结构

表 8-2-3　KNX 系统检测表

序号	通信线缆长度	检测电压（V DC）	备　注
1			0—1 系统电源与开关模块的连接
2			1—2 开关模块与调光模块的连接
3			2—3 调光模块与窗帘模块的连接
4			0—4 系统电源与智能面板的连接
5			0—5 系统电源与温控面板的连接

3. KNX 系统网络结构要点归纳

（1）总线有（　　　）条。

（2）自由拓扑结构可以连接成（　　　）、（　　　）、（　　　），禁止连接成（　　　）。

（3）总线设备最多为（　　　）个；总线距离最多为（　　　）m。

（4）系统电源到设备的最远距离为（　　　）m。两个系统电源之间的最小距离为（　　　）m。

❖ **任务评价**

搭建 KNX 系统的网络评分标准，如表 8 - 2 - 4 所示，对照评分标准对任务完成情况进行评价打分。

表 8 - 2 - 4 搭建 KNX 系统的网络评分标准

任务名称		学生姓名		组别		工位号	
						用时长	
序号	内容	配分		评分标准			得分
1	KNX 通信线缆	20		掌握通信线缆及端子，能制作总线连接的线缆			
2	KNX 通信连接方式	20		掌握 KNX 网络结构，能分析 KNX 网络结构形式，并分析连接故障现象及原因			
3	KNX 通信连线	20		掌握 KNX 通信连线与检测，会用万用表检测通信连接两端电压，分析故障点			
4	完成任务实施要求	30		根据任务实施的完成情况进行评分			
5	任务拓展	10		根据任务完成情况进行评分			

❖ **任务拓展**

根据不同的 KNX 系统结构图，分析网络连接的方式，能检测分析通信故障原因，并进行故障排除。

任务三 设计 KNX 系统的单元地址化结构

❖ **任务目标**

（1）了解 KNX 系统的系统访问与数据交换的方法。
（2）掌握 KNX 的组地址，并能进行实际应用。

❖ **任务分析**

本任务将学习 KNX 系统访问与数据交换等知识；了解 KNX 物理地址和组地址的概念和结构，并会区分 KNX 系统的物理地址与组地址；按要求完成 KNX 系统单元模块物理地址和组地址的设置。

❖ **知识链接**

KNX 是一个分布式、事件控制的总线系统，没有中央处理单元，在没有信号触发或者改变时，总线上是空闲的。

　　所有连接到总线上的设备可以相互交换数据信息，信号打包后通过总线进行传输（"1"和"0"进行串行传输）。例如，信号可从一个感应器（指令发出者）传递到一个或者多个执行器（指令接收者）。

　　KNX 系统采用单元地址化结构设计，分为物理地址和组地址。在 KNX 系统中，物理地址主要用于程序下载（通过 ETS 软件）、诊断、排错等；组地址用于各通信对象之间建立连接，通过参数设置，明确连接的功能及作用。

1. KNX 物理地址

　　物理地址具有唯一性，每个模块对应唯一的物理地址。

　　物理地址格式为

　　域编号.支线编号.模块编号

　　下载物理地址时，首先要将 PC 通过接口模块连接到当前 KNX 网络上，单击 Extras 下面的 Options 选项，选择选项里的 Communication 进行通信端口设置，此时可以单击 Test 测试端口是否连接成功；如果连接成功，会显示连接通信正常。可以根据 PC 接口类型选择不同的连接选项，如 USB、232、以太网等。

　　确定好连接设备类型，并确定通信连接好后，选择对应模块下载物理地址；需要注意的是，在下载物理地址的时候需要按软件提示按一下模块上的编程按钮，从而点亮模块上的编程指示灯，软件才能继续把地址下载到模块中。

　　在下载地址的时候，如果需要确定产品的地址是否已被占用，可输入要辨别的三级物理地址（如 1.1.8）。如果该地址已经被其他模块占用了，需要更换新的物理地址，再下载到模块中。

2. KNX 组地址

　　组地址是为了在各通信对象之间建立连接，用于明确功能及作用。三级组地址为主/中/次。KNX 系统的三级组地址如图 8-3-1 所示。

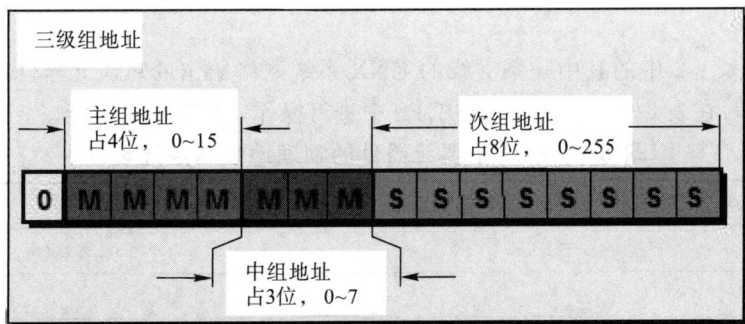

图 8-3-1　KNX 系统的三级组地址

　　主组地址（Main group）：占 4 位，地址编号范围为 0～15；

　　中组地址（Middle group）：占 3 位，地址编号范围为 0～7；

　　次组地址（Sub group）：占 8 位，地址编号范围为 0～255。

　　依据 KNX 系统的组地址进行组网的示意图如图 8-3-2 所示。

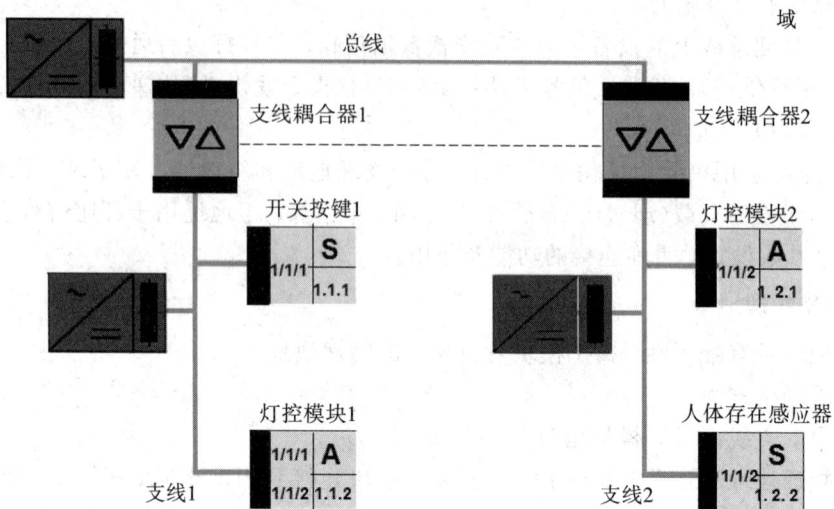

图 8-3-2 依据 KNX 系统组地址进行的组网

图 8-3-2 中的支线 1 有开关按键 1(物理地址为 1.1.1,组地址为 1/1/1)和灯控模块 1(物理地址为 1.1.2,组地址为 1/1/2 与 1/1/1);支线 2 有灯控模块 2(物理地址为 1.2.1,组地址为 1/1/2)和人体存在感应器(物理地址为 1.2.2,组地址为 1/1/2)。

通过组地址进行组网后,组地址 1/1/1 使得开关按键 1 与灯控模块 1 进行连接,开关按键 1 可以控制灯控模块 1 的动作。组地址 1/1/2 使得人体存在感应器与灯控模块 1 和灯控模块 2 进行连接,人体存在感应器可以控制灯控模块 1 和灯控模块 2 的动作。

❖ **任务实施**

1. 准备工作

下载 ETS5 软件,在保证元器件的通信连接无误后,检测调试通信端口是否连接成功。

2. 具体操作

按照图 8-3-2 中的其中一条支线的 KNX 系统网络给出的对应元器件编写物理地址及组地址并填写在表 8-3-1 中,并在 ETS 中进行操作,实现控制功能。

表 8-3-1 主要元器件的物理地址和组地址

序号	元器件名称及产品代码	物理地址	组 地 址
1			
2			
3			

3. KNX 系统通信要点

(1) KNX 系统采用单元地址化结构设计,分为( )地址和( )地址。其中使 KNX 系统实现对应模块控制功能的是( )地址。

(2) 一个 KNX 模块的物理地址可以有( )个。

（3）KNX 的组地址分三级，主组地址编号范围为（　　　　），中组地址编号范围为（　　　　），次组地址编号范围为（　　　　）。

❖ 任务评价

设计 KNX 系统的单元地址化结构任务评分标准，如表 8-3-2 所示，对照评分标准对任务完成情况进行评价打分。

表 8-3-2　设计 KNX 系统的单元地址化结构任务评分标准

任务名称		学生姓名		组别		工位号	
						用时长	
序号	内　容	配分		评　分　标　准			得　分
1	KNX 系统访问与数据交换的方法	10	了解 KNX 系统的系统访问与数据交换的方法，能说出 KNX 系统访问与数据交换的方法				
2	KNX 系统的物理地址	20	掌握 KNX 系统的物理地址特点及结构，能按要求编辑 KNX 模块的物理地址				
3	KNX 系统的组地址	30	掌握 KNX 系统的组地址特点及结构，能按要求编辑 KNX 模块的组地址				
4	完成任务实施要求	30	根据任务实施的完成情况进行评分				
5	任务拓展	10	根据任务完成情况进行评分				

❖ 任务拓展

根据不同的 KNX 系统结构图，分析网络连接的方式，能检测和分析通信故障原因，并进行故障排除。

任务四　安装 KNX 系统元器件及设定参数

❖ 任务目标

（1）掌握 KNX 系统单元分类，并会区分元器件模块。

（2）掌握系统电源模块、输出模块、输入模块及网络通信模块的结构及作用，会选用合适的元器件，并能进行参数设定。

❖ 任务分析

本任务将学习 KNX 系统单元分类、各模块结构及作用，并学习阅读 KNX 系统单元模块的说明书；根据智能照明场景的要求，选用合适的模块搭建 KNX 系统，并设定单元模块参数。

❖ 知识链接

KNX 系统单元按作用可分为系统电源模块、输出模块、输入模块及网络通信模块。本任务主要介绍前三个模块。

1. 系统电源模块

KNX 系统需要两种电源，一种是提供照明用的 220 V 交流电源，另一种是提供总线上控制信号用的直流电源。系统电源模块的主要作用就是将照明电路的交流 220 V 电源转换为 KNX 系统总线需要的 15 V、24 V 或者 35 V 的直流电源。总线元件的用电量一般为 5～10 mA DC，所以电源模块选用 640 mA DC 的电源进行供电，其他的规格按实际需要合理选用。

系统电源带应急电源模块（MTN683901）用来缓冲总线电压，需要配合蓄电池使用。如果出现一个总体电网供电故障，应急电源模块将自行启用，同时将备用电源接入线路中，即将一个电压为 12 V DC 的外部铅酸蓄电池连接到 REG 电源，以实现缓冲功能。

2. 输出模块

输出模块的种类有开关控制模块、调光控制模块、窗帘控制模块等。

1）开关控制模块

开关控制模块在 KNX 系统软件中的功能非常丰富，常用到的有作为普通开关实现线路通断的功能，定时延时控制的功能，实现联锁、附加逻辑连接的功能，强制执行、设置场景、反馈等的功能，以及针对总线电源中断和恢复的广泛参数设置的功能，可以对下载的状态进行参数设置的功能等。

开关控制模块带有内置总线连接器，通过总线端子连接总线，其输出额定电压为 230 V AC，50～60 Hz，额定电流为 10 A 或 16 A，$\cos\varphi = 0.6$，带并联补偿。开关控制模块可以带的负载有白炽灯、卤素灯和日光灯，容性负载和马达负载等；通过控制常开触点，开关控制模块具备自由设置开关通道的功能，可以独立控制多个负载的通断。

开关控制模块按电流大小和回路数有 2 路、4 路、8 路三种不同型号，具体参数如表 8-4-1 所示。类似开关控制模块的窗帘控制模块有 8/16 路（MTN649908）和 12/24 路（MTN649912）等。

表 8-4-1　开关控制模块型号及参数

回路数	6A	10A	16A	16A 电流检测
2 路		MTN649202	MTN647393	MTN647395
4 路		MTN649204	MTN647593	MTN647595
8 路	MTN64808	MTN649208	MTN647893	MTN647895

2）调光控制模块

调光控制模块内置有电子式或者绕线式变压器，可以对白炽灯、高压卤素灯和低压卤素灯进行开关和调光控制。目前，调光控制模块有通用调光器和 0～10 V 荧光灯调光模块两种。

（1）通用调光器。KNX 系统通用调光器的连接示意图如图 8-4-1 所示，采用单相电源供电。通用调光器与灯泡串联，根据设备参数设定值，将输入的 220 V 交流电压进行降压调整后，输出给灯泡，通过对灯泡的分压限流，控制灯泡的调光及通断。通用调光器的型号命名为 MTN6493XX，具体有 MTN649310、MTN649315、MTN649330 和 MTN649350 等。

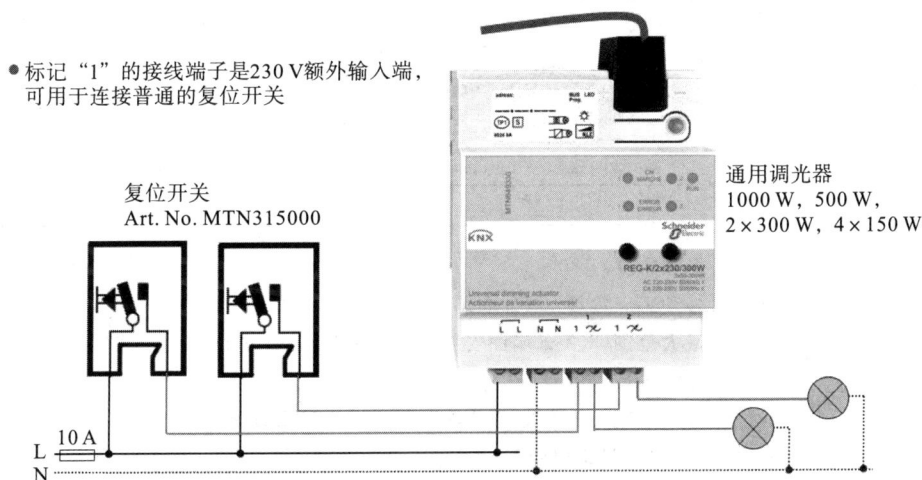

● 标记"1"的接线端子是230 V额外输入端，可用于连接普通的复位开关

复位开关
Art. No. MTN315000

通用调光器
1000 W，500 W，
2×300 W，4×150 W

图 8-4-1　KNX 系统通用调光器的连接示意图

（2）0～10 V 荧光灯调光模块。该模块用于将带有 0～10 V 接口的设备连接到 KNX 系统，主要对荧光灯进行调光，有 1 路(MTN647091)荧光灯调光模块和 3 路(MTN646991)荧光灯调光模块两种。

0～10 V 荧光灯调光模块的主要功能：用于 0～10 V 电子镇流器调光；无需额外的模拟量输出模块；每个回路最多连接 50 盏灯；16A 开关可用于切断照明的供电电源。

3. 输入模块

输入模块的种类有各类智能面板、各种感应探头、触摸屏、定时器模块、信号输入模块等。这里主要介绍前两种。

（1）智能面板。智能面板在 KNX 系统中的软件功能是：开关、转换；调光（单键/双键）；百叶帘（单键/双键）；脉冲发送出 1、2、4 或 8 位控制信号（瞬时/延时操作区分）、2 字节控制信号脉冲（瞬时/延时操作区分）；8 位推移式调节器；场景调用、场景储存；防乱按（防误操作）。

（2）存在感应器。存在感应器按照安装及结构分为吸顶装和墙装两种，其具体参数和实物图如表 8-4-2 所示。

表 8-4-2　两种常见存在感应器的具体参数和实物图

存在传感器类型	具体参数	实物图
吸顶装	1. 探测角度：360°； 2. 移动感应数量：4（6308XX 和 6309XX 可以独立调节）； 3. 最大范围（2.5 m 安装高度）：半径 7 m； 4. 探测区域：136 分区，544 簇； 5. 照度感应：可通过 ETS 软件在 10～2000 Lux 范围内调节； 6. 红外通道（6309XX）：10 个 KNX 控制指令 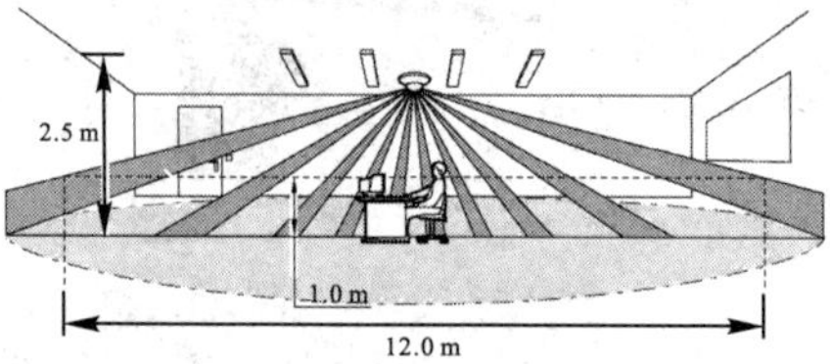 	
墙装	1. 探测角度：180°； 2. 移动感应数量：2（独立调节）； 3. 最大范围（2.2 m 墙面安装）：左/右 8 m，前方 12 m； 4. 探测区域：48； 5. 照度感应：可通过 ETS 软件在 10～2000 Lux 范围内调节，也可通过旋钮调节； 6. 时间：可以手动设置 1 s～8 min 延时时间或者通过 ETS 软件设置 1 s 到 255 h 的延时时间； 7. 范围：通过 ETS 软件或者手动旋钮可以调节10%～100% 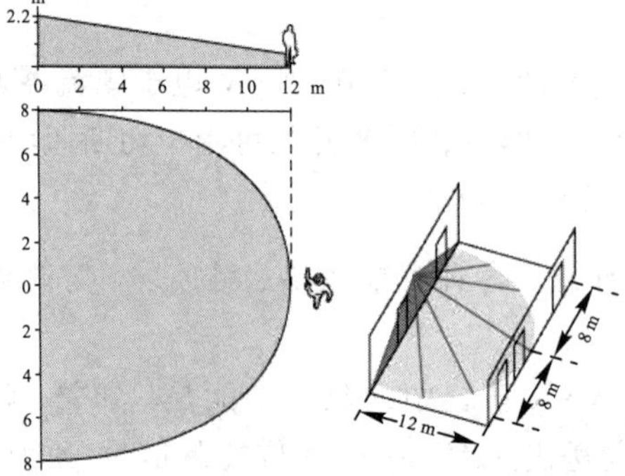 	

❖ 任务实施

下面完成 KNX 系统调光设备的控制。具体配置组态一、二支线上调光总线设备的调光运行时间，主要如下：

　　（1）实现灯泡1的开/关控制功能（Switch）：组地址使灯具亮度为0～100％可调，延时时间为1 s；

　　（2）实现灯泡2的降低亮度控制功能（Dimming）：组地址使灯具亮度为0～100％可调，延时时间为5 s；

　　（3）实现灯泡3的设定亮度控制功能（Value）：组地址使灯具亮度为0～100％可调，延时时间为2 s；

　　（4）实现灯泡1和灯泡2的场景控制功能（Scene）：组地址使灯具亮度为0～100％可调，延时时间为3 s。

1. 任务分析

　　确认KNX系统按键开关、通用调光模块、总线电源模块等总线设备和灯具、网络线、电源线的连接，完成如下内容：

　　（1）列出KNX系统按键开关、通用调光模块、0～10 V调光模块设备型号，填入表8-4-3中。

表 8 - 4 - 3　主要元器件清单

序号	元器件名称及产品代码	物理地址	组地址
1			
2			
3			
4			

　　（2）简述KNX通用调光模块是如何调光的，以及0～10 V调光模块又是如何调光的。

　　（3）接通电源，按下调光模块手动控制按钮，手动测试调光模块与灯具连接是否正确。如果白炽灯与荧光灯都被点亮，说明调光模块与灯具连接正确。

2. 用ETS4工具软件设计项目

　　（1）启动ETS4工具软件；

　　（2）创建产品数据库；

　　（3）导入产品数据；

　　（4）创建一个新项目：创建项目/新建项目名。

3. 设置组地址和各模块参数

　　（1）对8位智能面板上的4个按键进行控制功能设置，要求如下：

　　① 用第一个按键实现对灯泡1的开/关控制功能（Switch）组地址的控制；

　　② 用第二个按键实现对灯泡2的降低亮度控制功能（Dimming）组地址的控制；

　　③ 用第三个按键实现对灯泡3的设定亮度控制功能（Value）组地址的控制；

　　④ 用第四个按键实现对灯泡1和灯泡2的场景控制功能（Scene）组地址的控制。

　　（2）按照要求完成相关设备通道的配置组态。

4. 下载ETS程序并调试

　　（1）下载ETS程序；

（2）操作调试。

5. 练习结束后整理设备

（1）关断电源；

（2）整理实训台。

❖ **任务评价**

安装 KNX 系统元器件及设定参数任务的评分标准如表 8-4-4 所示，按照评分标准对任务完成情况进行评价打分。

表 8-4-4 安装 KNX 系统元器件及参数设定任务评分标准

任务名称		学生姓名		组别		工位号	
						用时长	
序号	内容	配分		评分标准			得分
1	KNX 系统元器件	20		掌握 KNX 系统的主要模块功能及结构，会装接元器件			
2	KNX 模块参数设定	20		掌握 KNX 主要模块的参数设定，会按要求设定各模块			
3	ETS 软件应用	20		掌握 ETS 软件使用的流程，会熟练按照流程完成模块通信连接			
4	完成任务实施要求	20		根据任务实施的完成情况进行评分			
5	任务拓展	20		根据任务的完成情况进行评分			

❖ **任务拓展**

解读第 45 届世界技能大赛"电气装置"全国机械行业选拔技术规程

世界技能大赛"电气装置"选拔赛是为了更好地适应"中国制造 2025"强国战略和新形势下职业教育教学改革创新的发展要求，进一步发挥行业指导作用，培育工匠精神，选拔优秀电气装置技能人才，推动国内竞赛与世界技能大赛接轨。

一、赛项说明

电气装置项目旨在考察选手对家用、商用电气设备的安装、调试运行技能；选手应具有能够安全可靠地完成电气安装与维修保养能力、楼宇自动系统及智能家居编程与调试能力。竞赛要求选手完成特定设计的商业、民用及智能家居的电气安装、程序编写、设备调试及故障排除等项目，在安装电气装置、线路系统及结构线缆系统工程中展现多元技能，完成所有相关模块指定的全部检测和调试工作，并递交书面报告。

二、竞赛要求说明

（1）考核模块及比赛用时。

模块 1：使用新兴技术进行电气设备安装。比赛用时 4～7 h。

模块 2：装置测试与故障查找。比赛用时 30～60 min。

模块 3：KNX 编程。比赛用时 1~1.5 h。

（2）KNX 编程的能力与要求。

① 会使用编程软件 ETS4、ETS5 中文版或英文版。

② 根据 KNX 工作任务进行编程、下载、调试，实现工作任务要求的功能。

③ 模块 3 中必须使用开放协议且在世界范围内标准化的系统，如 KNX 系统；比赛提供说明以及其他必要的文件和相关产品文件（产品数据库）；KNX 编程工作任务在竞赛时给出；编程结束后，将在赛场 KNX 编程设备上展示，后附 KNX 系统模块 3 的具体要求。

附：KNX 系统模块 3 的具体要求

本技术规程对多功能智能面板 M/PO3.2 - 4810 与调光模块 DO2.1 的具体控制要求如下：

多功能控制面板从上到下分 A、B、C 三通道，多功能智能面板与调光模块如图 8 - 4 - 2 所示。

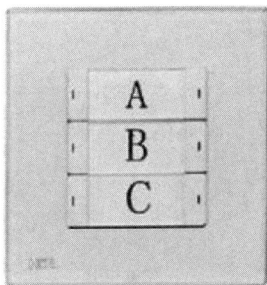

M/PO3.2-4810多功能智能面板

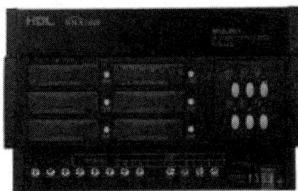

DO2.1调光模块（图片仅供参考）

图 8 - 4 - 2　多功能智能面板与调光模块

（1）多功能面板的 A 通道，左键短按，负载 1 灯亮至 100%；右键短按，负载 1 灯灭。

（2）多功能面板的 A 通道，右键长按，负载 1 灯亮至 100%；左键短按，负载 1 灯灭。

（3）多功能面板的 B 通道，左键短按，负载 1 灯亮至 70%；右键短按，负载 1 灯灭。

（4）多功能面板的 C 通道，左键短按，负载 1 灯亮至 50%，6 s 后，负载 1 灯亮至 100%；单次循环该功能。

（5）多功能面板的 C 通道，右键短按，负载 1 灯亮至 40%，3 s 后，负载 1 灯亮至 80%，5 s 后负载 1 灯灭；多次循环该功能。

❖ **思考练习题**

一、填空题

1. _____是目前世界上适用于家居和楼宇自动化控制领域，最主流的开放式国际标准_____。

2. KNX 传输介质主要是_____，总线由 KNX 电源_____供电，数据传输和总线设备电源共用一条电缆。

3. KNX 系统采用_____结构设计，分为_____地址和_____地址。

4. _____地址是为了在各通信对象之间建立连接，用于明确功能及作用。

5. KNX 系统单元按作用分为_____、_____，_____及_____模块。

二、选择题

KNX 网络自由拓扑结构不可以是（　　　）。

A. 链形　　　　　　B. 星形　　　　　　C. 树形　　　　　　D. 环形

参 考 文 献

［1］ 李国瑞.电气控制技术项目教程［M］.北京：机械工业出版社，2009.

［2］ 姚锦卫.焊接电工［M］.北京：机械工业出版社，2013.

［3］ 连赛英.机床电气控制技术［M］.2 版.北京：机械工业出版社，2017.

［4］ 商福恭.电工识读电气图技巧［M］.北京：中国电力出版社，2006.

［5］ 李敬梅.电力拖动控制线路与技能训练［M］.5 版.北京：中国劳动社会保障出版社，2014.

［6］ 施耐德电气(中国)有限公司.“碧播”电力与能源管理课程智能照明系统实训手册.